交互设计 2.0

设计思维与实践

Interaction Design
Thinking and Practice 2.0

由芳　王建民　蔡泽佳　著

U0226221

电子工业出版社

Publishing House of Electronics Industry

北京·BEIJING

内 容 简 介

本书以交互设计的理论方法为主线，建立正确的认识论和方法论，通过六个步骤，从三个角度介绍交互设计的流程和思维方法。六个步骤主要包括市场调研与设计研究、用户研究与任务分析、商业模型与概念设计、信息架构与设计实现、设计评估与用户测试、系统开发与运营跟踪。本书通过真实、完整的案例，与读者分享作者的实践心得，帮助读者加深对交互设计方法的理解，掌握其在实践中的运用过程。

本书也涉及一些交互设计在商业中的应用。学习交互设计的目的不仅是成为专业的交互设计师，更需要通过掌握相关的技能将交互设计的理念融入日常工作。

本书可作为设计学专业交互设计、用户研究、可用性测试等相关课程的专业教材。读者对象主要包括专注于数字产品设计和用户体验的交互设计师、界面设计师、项目经理、可用性测试工程师，以及交互设计、用户体验和数字媒体等相关方向的学生。

图书在版编目（CIP）数据

交互设计：设计思维与实践2.0/由芳，王建民，蔡泽佳著.—北京：电子工业出版社，2020.9
ISBN 978-7-121-35810-4

Ⅰ.①交… Ⅱ.①由… ②王… ③蔡… Ⅲ.①人–机系统 – 系统设计 Ⅳ.①TP11

中国版本图书馆CIP数据核字（2019）第007190号

责任编辑：戴晨辰
印　　刷：北京宝隆世纪印刷有限公司
装　　订：北京宝隆世纪印刷有限公司
出版发行：电子工业出版社
　　　　　北京市海淀区万寿路173信箱　邮编：100036
开　　本：787×980　1/16　印张：15.5　字数：376千字
版　　次：2020年9月第1版
印　　次：2025年2月第7次印刷
定　　价：79.00元（全彩）

凡所购买电子工业出版社图书有缺损问题，请向购买书店调换。若书店售缺，请与本社发行部联系，联系及邮购电话：（010）88254888，88258888。
质量投诉请发邮件至 zlts@phei.com.cn，盗版侵权举报请发邮件至 dbqq@phei.com.cn。
本书咨询联系方式：dcc@phei.com.cn。

前言

　　相信"交互设计"这个词对读者来说并不陌生，它是由 IDEO 的创始人之一比尔·摩格理吉（Bill Moggridge）于 1984 年在一次设计会议上提出的。交互设计是关于数字产品、环境、系统和服务的交互行为，以及传达这种行为的外形元素的设计与定义。与主要关注产品的形式和外观的传统设计学科不同，交互设计首先关注的是行为方式的定义，进而是描述、传达这种行为的最有效形式。

　　随着科学技术的发展，产品的结构与功能趋于复杂化、多样化和智能化，产品的交互达到了前所未有的复杂程度，一个小小的按钮已经无法囊括用户与产品之间的所有交互。与此同时，用户的需求也在持续增长，用户既希望产品拥有更多的功能，又希望产品能足够简单、易于使用和更人性化，在生理和心理两个层面上都能赋予他们愉悦的使用体验。以电视机为例，过去我们看电视节目只需要按下黑白电视机的开关按钮；后来我们可以用遥控器随意切换彩色电视机的频道，调整音量；现在的智能电视机允许我们通过手势和触摸屏来控制节目的播放，除此之外，我们还能在电视机上定制各种软件。由此可见，先进技术让产品拥有了更强大的功能，也让用户的操作更加复杂和困难，用户的认知摩擦也日益加剧。

　　交互设计正是这种设计矛盾发展到一定阶段的必然产物，触发其脱离传统设计，作为单独的设计学科出现。它作为一种新的设计思维方式，力求让产品在功能性和可用性之间取得良好的平衡。从设计的角度看，交互设计看重的是人与产品交互的行为、场景、技术、情感体验等之间的关系，逐渐将关注点从产品本身的设计转移到使用产品的用户的体验上来，以期满足用户更高层次的需求。从市场的角度看，随着以消费者为主导的商业文化的形成，每个产品的问世，都要面对激烈的市场竞争和多种多样的消费者。在功能同质化愈发严重的情况下，产品设计是否能以用户为中心，找到用户真实的需求，是其能否成功的关键。这意味着设计师要把用户的观点渗透到设计的每个环节，从用户的角度进行产品设计。

　　交互设计过程也是一个设计工程管理的过程，工程思想是交互设计的核心思想。一个好产品的诞生，设计需求、概念设计、细节设计、用户评估测试、设计实施等环节都需要用户的参与。如何在设计全过程中保持用户的全程参与，不同阶段的设计结果如何有效导入到下一阶段的设计实践中，成为交互设计师们需要认真思考的问题。

　　自交互设计诞生起，其就是一个多学科融合的领域，与产品技术、视觉传达设计和工业设计息息相关，涉及人类学、社会学、人类工程学、心理学、认知科学、计算机科学和软件工程等多个学科。以用户为中心的交互设计，引起了设计界对用户的关注，同时也衍生出一系列新生的设计领域，如用户体验、用户研究、设计调查、可用性测试等，使得设计以人为本。交互设计作为新兴学科，在我国目前仍处于探索阶段。企业和高校近十年来才开始重视交互设计的运用及教学，交互设计的相关岗位及专业初现雏形，尚未有成熟的设计教学方案，专业的设计课程教学丛书较少，更没有成形的交互设计理论体系。

　　本书作者研究了国外成熟的理论体系，结合同济大学用户体验实验室（UXLab）团队的实践理论与方法，从教育的角度全面系统、循序渐进地向读者介绍交互设计的设计思维及相关实践案例。如果您是交互设计行业的新手或相关专业的学生，本书将是适合带您入门的教程；如果您是组建交互设计团队的管理人员或拥有多年业内经验的设计师，本书也可启发您深入思考。

　　承蒙各界厚爱，本书得以出版。我们重新整理了思路，在 2.0 版本中与读者分享最新的实践心得。第 1 章作为全书总起，将带领读者了解交互设计的起源、发展历程、方法体系、工作范围、团队构成等内容，并与读者分享我们在教学中的实践经验。第 2～7 章通过 6 个部分介绍我们从团队实践中总结的交互设计方法体系，为读者提供一个通用的交互设计流程。虽然并不是每个项目都要实现所有的步骤，但掌握完整的流程步骤犹如心中有了"地图"，有助于设计师全面把握项目进程及各阶段的产出成果。鉴于实践在交互设计中有着重要作用，第 8 章通过几个真实、完整的案例，对总结的设计方法进行针对性的介绍，帮助读者加深对交互设计方法的理解，掌握方法在实践中的运用过程。参与的企业项目越多，我们越能深刻地认识到——理论和方法是实践的核心和基础，在实践中需要根据实际情况灵活运用方法来解决问题。在编写本书时，团队恰好有机会跳出传统的互联网交互行业，服务于传统行业（如汽车、零售等），这让我们更深刻地体会到"交互设计"的重要性及"以用户为中心"的思维将在广阔的天地中大有作为。无论您是否从事交互设计这个行业，都希望本书的理念与案例能给您带来启发。

　　读者可登录华信教育资源网（www.hxedu.com.cn）下载本书的配套资源。

　　每个学科的生命力都来源于不断的探索和创新，交互设计也是如此。本书介绍的内容是作者及所在团队不懈努力的成果。方法、理论从实践中来，也必须到实践中去，这决定了本书所述只是启发性的指导而不是既定的教条，但求有益于读者的思考，拓宽设计思维。我们还望与读者共勉，一同探索交互设计的新未来。

作者
于同济大学

本书的出版离不开广大读者朋友们，是你们的支持和反馈，使我们更有动力来分享我们的所做、所思、所感。在此，要对那些对本书出版给予帮助和支持的人们表示感谢。

　　本书的出版得到了国家重点研发计划项目（2018YFB1004903）、全国高等院校计算机基础教育研究会计算机基础教育教学研究项目（2018-AFCEC-037）、上海市委宣传部和同济大学部校共建新闻学院项目、同济大学研究生教材出版基金、新颖实验项目的研究和开发——交互设计理论及教学模具研究项目、研究生精品（核心）课程建设——交互设计项目、精品实验课程第十二期——交互媒体创作项目的支持。

　　感谢陈慧妍、杨九英、王春霞、郭阿丽、王棋胜和蒋晞阳等同事们，他们参与到各个项目的具体工作中，并对本书写作给予了宝贵的意见和建议。

　　感谢同济大学用户体验实验室／汽车交互设计实验室的广大师生，特别是2017级蔡泽佳同学，她协助更新和校对了本书的内容，并与其他作者一起梳理了案例内容。

　　也要感谢本书的编辑戴晨辰等人，在本书的编写和出版过程中不断地给予我们帮助和鼓励。

　　感谢我们的家人，我们永远能得到他们的支持和鼓励。

　　由于时间紧迫，作者水平有限，错误、疏漏之处在所难免，敬请谅解。若有任何建议，欢迎致信作者。

CHAPTER 01
交互设计（Interaction Design）

CHAPTER 02
市场调研与设计研究（Market & Design Research）

CHAPTER 03

用户研究与任务分析（User Research & Task Analysis）

CHAPTER 04

商业模型与概念设计（Business Modeling & Concept Design）

CHAPTER 05

信息架构与设计实现（Information Architecture &
Implementation of Design）

CHAPTER 06

设计评估与用户测试（Evaluation of Design & User Testing）

CHAPTER 07

系统开发与运营跟踪（Development & Operation）

CHAPTER 08

交互设计案例实践（Case Study for Interaction Design）

01 交互设计
（Interaction Design）

交互设计，又称互动设计（Interaction Design，IxD 或 IaD），是设计交互式数字产品、环境、系统和服务的实践行为。它定义了两个或多个互动的个体之间交流的内容和结构，使之互相配合，共同达到某种目的。它是一门多学科交叉，需要多领域、多背景的专业人士参与的新兴学科。与大多数设计学科一样，交互设计关注的是形态，但其侧重点是传统设计学科不曾探讨的，即如何设计行为。它既借鉴了传统设计、工程学科的理论和技术，又有着独特的方法和实践。

1.1 交互设计发展历程与体系建立

从理论层面来看，工业设计和人类工效学（Ergonomics，该词汇主要在欧洲范围使用）的发展为交互设计的诞生与发展奠定了一定的理论基础。

20 世纪初出现的工业设计，要求工业设计者在进行设计时，不仅要考虑产品的物理属性，如产品的整体外形与细节特征的相关位置、颜色、材质、音效等，还要考虑用户的生理和心理因素，也就是要考虑人类工效学的研究内容。早期欧洲提出的人类工效学侧重于研究环境对人的物理影响。

1957 年，美国成立的人为因素和人类工效学学会（Human Factors and Ergomomics Society，HFES）提出的人因工程学（Human Factors），则开始将工业设计从人类工效学独立出来，更加强调认知心理学、行为学和社会学等学科的理论指导，考虑更多人的因素，更符合以人为核心的理念。国际人类工效学会（International Ergonimics Association，IEA）将人类工效学定义为：对人在某种工作环境中的解剖学、生理学和心理学等方面的各种因素，人和机器、环境的相互作用，在工作中、家庭生活中和闲暇时间怎样统一考虑工作效率、人的健康、安全和舒适等问题进行研究的学科。

从实践层面来看，交互设计与计算机的发展密切相关。

20 世纪 40 年代，美国军方需要计算弹道轨迹的设备，委托宾夕法尼亚大学研制，于是世界上第一台通用计算机 ENIAC 问世。ENIAC 在当时具有强大的计算能力，但是操作过于复杂，使用时需要投入极大的人力和物力。

20 世纪 70 年代，随着个人计算机的问世，计算机开始进入普通消费者的生活，如何帮助用户理解人机界面成为有价值的研究课题，其研究方向在当时以人机交互（Human-Computer Interaction 或 Human-Machine Interaction，HCI 或 HMI）的内容出现，主要分为两方面：一是人的认知模式、信息处理过程与人的行为之间的关系；二是如何依据用户的任务和活动来设计、实现和评估交互式计算系统。这一研究课题最重要的目的是通过设计来消除计算机等新兴电子产品与普通用户之间的隔阂，让普通用户能够通过简单易懂的界面来操作产品。

1984 年，IDEO 的创始人之一比尔·摩格理吉（Bill Moggidge）出于给工业产品设计软件的需求，在一次设计会议上第一次提出了交互设计的概念，并将其命名为"软面（Soft Face）"。由于这个名称容易让人联想到当时流行的玩具"椰菜娃娃（Cabbage Patchdoll）"，后来将其更名为 Interaction Design，即交互设计。1986 年，在 Donald A.Norman 与 Stephen W. Draper 合著的书籍《以用户为中心的系统设计：人机交互的新视角》中第一次提及以用户为中心（User Centered Design，UCD）的设计理念，倡导好的设计应该在设计流程的每一步中都有用户的参与，才能设计出符合用户期望的产品。

20 世纪 90 年代后，随着人们对交互设计认识的逐渐深入，对其赋予了更多的内涵，并开始关注用户体验，包括人、团队、文化、服务和系统之间的交互，以及产品投入市场的商业模式和运营反馈。

现在的交互设计一般指定义、设计人造系统的行为的设计领域。人造系统是一个十分宽泛的概念，包括但不限于软件、移动设备、人造环境、服务和可穿戴设备等。与以往重视产品造型和外观的传统设计领域不同，交互设计重视的是人与物之间的"对话"。随着信息技术和数字产品的发展、体验行业的崛起，交互设计研究的深度和广度也不断得以延伸。交互设计可以说是人机交互的延续，但与传统的人机交互有所区别的是，交互设计更偏向于新的技术对用户的心理需求、行为及动机层面的研究。

我们在长期的实践中，总结了自己对交互设计的理解——交互设计除了包含基本的信息技术，还需要考虑设计、商业等与用户紧密相关的方面，将用户的需求渗透到设计的每一步中，并据此建立了一套完整的交互设计体系。交互设计体系脉络如图 1-1 所示，可以分为商业、信息、设计三部分。

首先，交互设计与信息紧密相关。信息系统包括多种相关技术，但其中部分技术更多地是考虑如何专业、快速地解决问题，而忽略了使用感。这也就是为什么在计算机刚刚出现时，用户会感觉使用烦琐的原因之一。交互设计的本质是以人为中心，而不是以计算机为中心，这更新了传统通信工程的观点。在这个理念的转换中，信息不再被认为是包含在机器或程序中的，而被认为是交互产品中的信息设计。要实现良好的信息设计，需要我们把握好信息架构、大数据挖掘等环节。

其次，交互设计是一种设计，其系统的表现形式应该是让人愉悦的，用户知道如何使用并进行反馈。这也反映了交互设计中蕴含的一个矛盾，交互设计产品的一个重要特点是其实用性，交互设计产品通常有丰富的功能和较好的实用性，但它的确还是艺术品。好的交互设计产品，能够在艺术和实用之间达到平衡。就设计层面而言，交互设计还涉及工业设计、界面表现、产品语意与传达等。在大部分交互设计产品中，有清晰的用语告知用户可以做什么，再赋予这些产品更多的美感，那么交互设计产品就不会偏离我们的设计目标太远了。

图 1-1　交互设计体系脉络

最后，交互设计与商业密切相关。交互设计的最终目的是促使产品带来更多的商业价值，因此交互设计需要把社会媒体、品牌价值、传播设计、商业模式和企业流程规划等也纳入考虑范围。一般意义上的设计师都是个性化的，他们喜欢设计带有个人风格与个人色彩的作品，但是交互设计师不同，他们设计的产品是为大多数人服务的，因此商业模式是交互设计必须考虑的一部分。从这个角度看，交互设计可以说是一种市场营销工具，因为它可以帮助市场营销人员了解到哪些人会使用这个产品，在何种情境下使用，以及为何使用。交互设计为商业服务，商业又帮助交互设计深化发展，二者和谐共生。而商业模式和交互设计的服务对象——用户，也能够时时体验到这样的变化，并帮助二者进行创新和跨越，这也就是人们常说"人人都是产品经理"的原因所在。交互设计丰富了媒体的形态和传播的手段。交互设计意义上的媒体与传统意义上的媒体概念不同，前者更多是指设计最终形成的载体和表现形式，如网站、计算机客户端、移动客户端、可穿戴设备等软件或硬件。交互设计产品与服务必须考虑媒体的传播形态及品牌推广问题。随着媒体和品牌传播发展的需要，为其服务的交互设计也需要整合创新、品牌价值、传播设计、社会媒体和媒体运营等。

基于以上三大方向，不难发现交互设计学科呈现出多学科交叉的研究形态。交互设计学科的崛起带来了新媒体和体验行业的发展，也传播了交互设计的思维和方法。今天，交互设计不仅是一个学科，更是一种思维方法。

1.2 交互设计的目标

交互设计关注人与产品、人与服务之间的关系，以"人"为本，搭建起人与物之间的桥梁，起到穿针引线的作用。交互设计的目标可以从"可用性"和"用户体验"两方面进行分析。

可用性（Usability）是交互设计的基础目标，这是产品本身具有的物质特性价值所决定的。它主要体现在产品的"有用"和"好用"两方面。

"有用"具体表现为：功能实用（Useful Function）、易于操作（Easy to Operate）和安全有效（Safe and Effective）三方面。

"好用"具体表现为：易学（Easy to Learn）、性价比高（Cost-effective）和性能可靠（Reliable Performance）三方面。

可用性是交互设计的基础，但如果产品仅是可用的，并不足以获得更多的用户。设计学领域著名学者 D. Norman 在《情感化设计》一书中认为："当然，实用性和可用性也是很重要的，不过如果没有乐趣和快乐、兴奋和喜悦、焦虑和生气、害怕和愤怒，那么我们的生活将是不完整的。"可用性仅仅满足了用户的基本需求，对于成功的交互设计产品来说，还需要考虑用户体验，满足用户更高层次的需求。

用户体验（User Experience）强调产品设计的目的是为用户服务，而不仅仅是实现某些功能。用户需求作为产品设计的核心，贯穿整个设计过程。它体现了产品的非物质属性。用户体验的目标有以下几方面：

- 令人满意（Satisfying）；
- 令人愉悦（Enjoyable）；
- 有趣（Fun）；
- 引人入胜（Entertaining）；
- 有益（Helpful）；
- 激励（Motivating）；
- 富有美感（Aesthetically Pleasing）；
- 支持创造力（Supportive of Creativity）；
- 有价值（Rewarding）；
- 情感上满足（Emotionally Fulfilling）。

衡量用户体验主要从品牌（Branding）、功能性（Functionality）、可用性（Usability）和内容（Content）四方面入手，即产品是否体现了品牌及体验过程的价值；产品的功能性是否满足用户需求；可用性如何；产品提供的信息及其结构是否准确和合理。

依据以上对可用性和用户体验的分析，我们可以得到如图 1-2 所示的交互设计目标的倒金字塔。交互设计的目标之所以是一个倒金字塔，是因为各个部分的面积代表不同的子目标对产品成功的重要性，面积越大越重要，但这同时也意味着该目标在实际操作中越难实现。

图 1-2　交互设计目标的倒金字塔

　　在阐述了交互设计的目标之后，我们进一步关注交互系统的组成。交互系统是由人（People）、人的行为（Activity）、使用产品时的场景（Context）、产品中融合的技术（Technology）和最终完成的产品（Product）五个基本元素组成的系统（简称 PACT-P 系统），如图 1-3 所示。

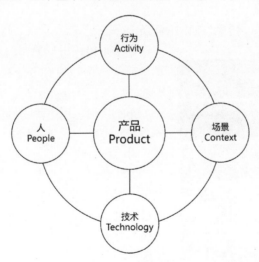

图 1-3　PACT-P 系统

　　人，即用户，是在系统中与产品进行互动的对象。按照使用频次和动机，可以把用户分为主要用户、次要用户和三级用户三类。主要用户指经常使用产品的用户；次要用户指偶尔使用或通过他人间接使用产品的用户；三级用户指购买产品的相关决策人员和管理者等。在交互

5

设计过程中，我们常会使用"人物角色"的方法来推进设计进程，即根据真实用户群的特征进行勾勒和归类，研究用户群体的行为、观点及对产品的期待等，以辅助产品的定位决策和设计。目标用户越多，设计团队偏离目标的可能性越大。如果希望产品满意度达到 50%，那么不是让所有用户的满意度都达到 50%，而是要让 50% 的目标用户的满意度达到 100%。

行为，指人在交互系统环境中的动作行为和产品的反馈行为，包括人与产品、产品与环境的交互行为。产品的反馈行为主要由产品的功能决定。人与产品之间的交互行为包括物理操作、代码输入、鼠标操作、触屏、体感操作、语音识别、条形码输入等，随着技术的发展，交互行为也会愈加丰富。

场景，指在交互系统中行为发生时的周围环境，行为与场景密切相关。交互系统中的场景可分为物质场景和非物质场景两大类。前者指交互行为发生时周围的物质环境，包括交流空间、照明条件和其他相关设施等。后者可以再细分为组织场景和社会场景两类，组织场景指的是用户在物质场景中与产品顺利进行交互所提供的管理、服务方式及用户与服务提供商之间的关系；社会场景指交互行为发生时的社会状况。

技术，指支持交互行为和实现产品功能所需的技术，包括硬件和软件技术。与交互行为有关的技术有：语音识别、图像和文字识别、多媒体、信息可视化、网络通信、传感器等。

产品，指在系统中为用户提供服务的载体，产品可以是实体的，也可以是虚拟的。

1.3　交互设计流程与方法分类

交互设计流程分为 6 个阶段，如图 1-4 所示。

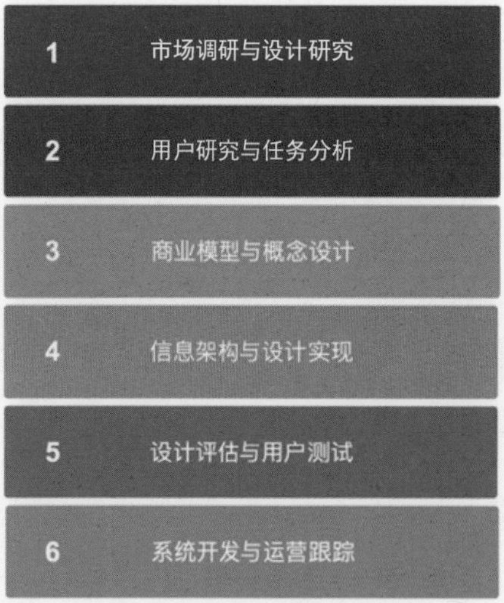

1	市场调研与设计研究
2	用户研究与任务分析
3	商业模型与概念设计
4	信息架构与设计实现
5	设计评估与用户测试
6	系统开发与运营跟踪

图 1-4　交互设计流程的 6 个阶段

第 1 阶段，市场调研与设计研究。在这一阶段，将对商业市场和现有市场数据进行分析，获取市场需求。

第 2 阶段，用户研究与任务分析。将针对用户的各个方面进行一系列的调查与分析，总结用户的行为模式与心智模型。

第 3 阶段，商业模型与概念设计。将通过综合考虑用户调研的结果、技术可行性及商业机会，为设计的目标制定可行的设计方案（目标可能是新的软件、产品、服务或者系统），将用户需求转化为具体的产品概念。

第 4 阶段，信息架构与设计实现。将根据概念方案进行进一步的原型设计、信息结构设计和视觉与交互设计。

第 5 阶段，设计评估与用户测试。将借助一系列评估体系与测试方法，对交互设计产物，如原型或设计的结果进行测试与评估，分析其可用性与用户体验可能存在的问题，为产品进一步迭代提供建议与指导。

第 6 阶段，系统开发与运营跟踪。将在功能完善、经过多次迭代的产品基础上进行开发工作，并在发布后持续进行数据跟踪，为下个版本的产品提供建议。

交互设计是一个多学科交叉的领域，因此在项目执行过程中，既需要从商业、市场、用户的角度引导设计，也需要从架构、逻辑、技术上支持设计与开发，还需要从设计、信息整合与呈现、体验测试、视觉的角度去表达设计。表 1-1 从商业、信息、设计三个维度对部分交互设计方法进行分类。

表 1-1　从商业、信息、设计三个维度对部分交互设计方法进行分类

商业	信息	设计	
竞争产品分析	文献检索	问卷调查	高保真原型
品牌策略分析	横向思考	场景分析	隐喻设计
民族志	五个为什么	自然观察法	Web 界面风格指南
用户深度访谈	层次任务分析	体验测试	布局设计
专家访谈	亲和图	焦点小组	动态效果设计
用户心理建模	内容规划	人物角色	音效设计
神秘顾客	词汇定义	情景设计	认知走查
商业模式画布	卡片分类	故事板	绿野仙踪
平衡计分卡	界面流程图	思维导图	协同交互
品牌定位	组织系统设计	用户体验地图	贴纸投票
生态系统	标签系统设计	头脑风暴	可用性测试
组织系统设计	导航设计	接触点设计	设计说明书
启发式评估	站点地图	服务蓝图	前端软件开发
开发指南	眼动仪测试	纸上原型	界面组件开发
	心理生理测试	实物模型	
	搜索引擎优化	KA 卡片	
	网络行为跟踪	手势设计	
	用户反馈收集		

1.4　交互设计团队

交互设计是一个学科交叉性质比较明显的领域，与传统设计团队相比，交互设计团队需要具备更高的职业素养。除了需要具备的基本技能（办公软件、交互原型软件、视觉设计工具、前端实现等），交互设计师还需要具备视觉设计能力、商业建模能力、用户研究能力、信息架构能力、设计传播能力、沟通能力和组织机构流程改进能力等。结合项目实践与业界发展的相关情况，我们梳理了交互设计团队中的岗位与岗位职责，以供参考，如表 1-2 所示。

表 1-2　交互设计团队中的岗位与岗位职责

岗位	岗位概述	岗位职责
设计总监	主要负责公司品牌、产品品牌塑造	（1）负责公司品牌塑造、产品品牌塑造等相关的视觉设计，包括 VI、广告、网页、动画和其他推广媒介的设计 （2）参与经营和管理品牌，制定品牌视觉规范 （3）对产品交互流程设计进行监督与指导
软件架构师	主要负责产品信息架构规划和代码标准、规划的制定	（1）制定代码、文档的标准和规范，并进行推广和应用，提高团队的开发效率 （2）信息架构的规划或核心模块的设计与实现 （3）在信息架构、设计与开发上指导开发团队的其他成员
信息架构师	主要负责产品信息架构设计及可用性测试的指导与监督	（1）产品信息架构设计 （2）主持产品启发式评估，优化产品用户体验 （3）指导可用性测试，对测试结果进行审核监督
项目经理	对项目进行整体把控	（1）主持项目开发和实施，带领项目组成员完成项目既定目标 （2）对项目组成员及项目实施全过程进行监督、管理和把控
用户研究工程师	理解设计问题，制定合适的研究计划，邀请用户参与研究，其后分析数据，再向团队宣讲结果，协助把用户研究的结果落实到设计中	（1）产品的易用性和功能分析，进行用户研究 （2）对各产品的市场需求进行分析 （3）主持用户观察、访谈、焦点小组等可用性测试 （4）撰写调研报告 （5）撰写产品分析报告
交互设计师	主要负责产品交互设计，优化产品用户体验	（1）参与产品规划思路和创意过程 （2）根据需要和用户研究的结果，参与界面的信息架构设计 （3）结合可用性测试结果，完成界面交互行为和功能的改良，提高产品的可用性 （4）参与界面设计流程的完善和优化工作
视觉设计师	主要负责产品视觉表达与制作	（1）参与产品前期界面视觉用户研究、设计流行趋势分析 （2）设定软件产品的整体视觉风格和 VI 设计 （3）负责产品界面的制作与文档编写
前端开发工程师	主要负责原型、流程设计与实现	（1）负责制作纸上原型、高保真原型 （2）负责界面操作流程设计 （3）负责动态仿真原型设计与实现

1.5　交互设计教学

交互设计方法体系繁杂，学生很难在短时间内对整个方法和过程有一个整体的理解，如果没有教学上的创新，学生会陷入某些具体方法的学习，难以理解不同方法之间前导后续的关系，从而难以展开项目实践。

在多年的交互设计教学和实践中，同济大学用户体验实验室（UXLab）形成了多种类的交互设计教学产品，包括物理沙盘、交互设计项目管理软件（数字沙盘）、基于敏捷设计思维的用户研究工具箱、色彩版式设计系列工具和课程平台软件为代表的教学工具，以交互设计、可用性测试、信息架构等为代表的课程资源，还有与多个行业合作的真实案例资源，以及在此基础上的培训教学内容和实验室建设资源等。在这些资源支持下的教学和实践过程采用师生共同讨论的形式，将单纯讲解变成师生互动的教学研讨。

1.5.1　物理沙盘

图 1-5 为物理沙盘，包括三个规格，分别为：交互设计 102 种方法，系统总结了交互设计的六大步骤和 102 种方法；交互设计 58 种经典方法，从 102 种方法中选取了 58 种最常用的方法作为经典版呈现；服务设计 77 种方法，总结了适用于服务设计的六大步骤和 77 种方法。物理沙盘对设计任务进行了整体分析，并对不同设计阶段的具体设计方法进行了梳理，从流程上最终实现了设计任务的整体分析。物理沙盘包括 6 块设计过程方法板，以及与每种方法一一对应的一张小正方形卡片和一张 A3 详情卡片，可进行方法详解和案例描述。

图 1-5　物理沙盘

在实际的教学中，物理沙盘非常适合交互设计初学者进行入门学习与实践。在理论教学中，可以先使用 6 块设计过程方法板整体展示完整的设计流程，使初学者对设计流程有整体的把握。在整体把握了设计流程之后，可以开始详细学习每个步骤的设计方法。在这一过程中，可以挑选对应方法的小正方形卡片和 A3 详情卡片进行详细讲解。

在项目实践及实际工作中，物理沙盘也可以帮助项目组成员进行方法梳理和工作分工。根据具体的项目需求，我们可以在 6 个设计阶段中确定该项目实际所需完成的阶段，再将每个具体阶段中可能需要采取的实践方法挑选出来，贴在立方体中作为备选，反复讨论后达成一致，即可进行工作任务的细化和分工。

1.5.2 交互设计项目管理软件

交互设计项目管理软件如图 1-6 所示，此教学产品是物理沙盘的电子化产品，除了 6 个设计阶段和对应的设计方法，它还具备项目管理的功能。教师可以作为软件的管理员，学生在得到管理员的许可之后能够建立自己的项目，也可以添加项目组成员，进行项目协作。项目建立后，学生可在软件中制定自己的工作计划、记录工作内容、上传工作成果、生成项目报告目录并编辑报告细节，教师则可以在管理后台对学生作业进行批改。软件中预先提供了参考案例，学生可以根据自己项目的需要，选择相应的方法和参考案例，进行个性化学习。

图 1-6　交互设计项目管理软件

因此，课上可用物理沙盘进行理论教学，课下可用交互设计项目管理软件进行作业设计及实操巩固，线上、线下相结合的教学方式，使学生与教师、学生与学生之间的互动和学习更有效率。我们相信物理沙盘和交互设计项目管理软件能真正帮助学生学习交互设计等相关专业课程，建立正确的认识论和方法论。通过设计调查（用户需求调查、用户操作实验）、建立用户模型、设计具体的技术方案并实施等具体实践环节训练，可使学生更好地理解和掌握人机交互与界面设计中的知识与技能，并能将其灵活运用，更好地培养学生的实践能力，为后面的学习与研究打下坚实的基础。

1.5.3 用户研究工具箱

在实际的项目实践中，时间往往非常有限，我们常常无法将所有理论方法应用到项目中。因此，为了让项目执行更有效率，我们需要借助"敏捷设计思维"（如图 1-7 所示），把大目标切分为一个个小目标，使调研、设计、开发等工作同时启动，快速打造产品，使产品设计者有试错空间，随后再进行一轮轮迭代，直至更好。

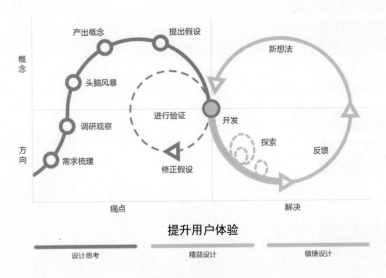

图 1-7　敏捷设计思维

　　我们对用户研究团队成员进行访谈，了解他们的工作地点、工作场景与使用工具特征，发现他们在交互设计工作中存在的痛点。

　　调研发现，团队成员通常会聚在一起讨论设计方面的想法，一般会携带笔、便条及计算机。团队成员就一个问题展开讨论，在头脑风暴阶段，会在墙或白板上用便利贴贴出自己的想法与设计草图，这说明物理工具具有不可替代的作用。其还会使用云存储类的工具进行项目管理，由于敏捷开发的项目种类很多，因此这也说明该工具必须可以满足多种类型的项目，并且可以帮助产品经理合理分配任务。用户研究的过程是一个严谨的分析过程，应该在工具使用上体现信息流通。

　　基于以上的调研与总结，我们对设计工具进行了探索。交互设计流程分为 6 个阶段，基于敏捷设计思维的方法梳理过程如图 1-8 所示，我们将第 1 阶段的场景分析，第 2 阶段的故事板、客户分类、心情板等方法完成后，通过这些方法获得的信息能够绘制出第 3 阶段的用户体验地图。以此为思路，通过对用户画像、用户体验地图、优先矩阵、信息架构和商业模式画布这 5 种在敏捷交互设计中常用的设计方法进行前后逻辑关系的思考，可产生基于敏捷设计思维的"用户研究工具箱"。

　　用户研究工具箱（如图 1-9 所示）以灵活的形式拆分成若干 20cm×20cm 和 20cm×40cm 的方形"魔术板"，能够满足设计流程中分解和重组信息的需求。工具箱中配备了尺寸更小的信息卡，上面标明了期望、服务流程和任务流程等，能够配合魔术板使用。用户研究工具箱的使用场景如图 1-10 所示。

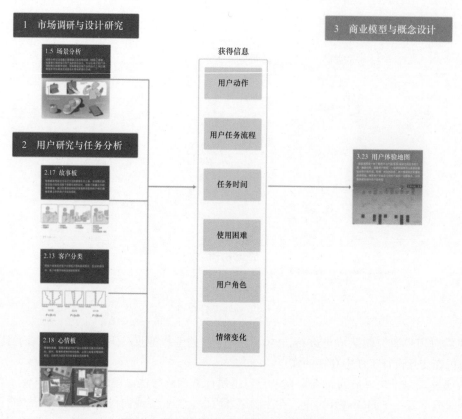

图 1-8　基于敏捷设计思维的方法梳理过程

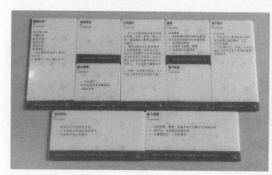

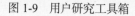

图 1-9　用户研究工具箱

图 1-10　用户研究工具箱的使用场景

　　除了用户研究工具箱，我们还开发了交互设计流程管理系统（如图 1-11 所示）。该系统结合了设计方法体系和用户研究工具箱的内容，可对交互设计项目进行流程管理。

图 1-11　交互设计流程管理系统

1.5.4　色彩版式设计系列工具

　　色彩版式设计系列工具是一套包含色彩版式理论的物理工具，用以辅助界面设计，主要分为色立体和色彩版式设计工具箱两部分，如图 1-12 所示。

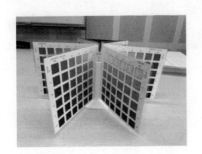

图 1-12　色立体和色彩版式设计工具箱

　　色彩的三要素是色相、明度和纯度，这也是色立体的设计依据。色立体是由不同色相的扇面围合成的一个类圆柱体，而每个扇面上是同一个色相的不同明度与不同纯度的变化，还配有 CMYK 值说明，使用者可以根据它来直观地了解色彩原理并根据自己所需的颜色准确找到对应色号值。

　　色彩版式设计工具箱的元素包括长条形长方形、短条形长方形、正方形和圆形等。每种元素的正面对应色立体的不同色彩，反面为正面色相对应的灰度。用户在创作黑白版式设计时，可以使用反面进行排布；在创作色彩版式设计时，可以使用正面进行排布。

　　在色彩版式设计工具箱的使用过程中，使用者从工具箱中选取所需的颜色、形状不同的卡片进行创作排布。根据色彩、版式的原理，可预先设定好创作主题，根据理解表达情感。图 1-13 为色彩训练作业要求，每个小组在已完成的版式设计的基础上，挑选出一个或几个版式进行配色训练，要求能够表现出以下 4 种感觉：①冷暖；②进退；③轻重；④软硬。

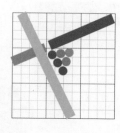

图 1-13　色彩训练作业要求

色彩版式设计工具箱方便学生进行作业练习及小组讨论，场景如图 1-14 所示。在不断试验、推翻、重来后将产生最佳想法，再用设计软件完成相应作品即可，如图 1-15 所示。

图 1-14　使用色彩版式设计工具箱进行作业练习及小组讨论的场景

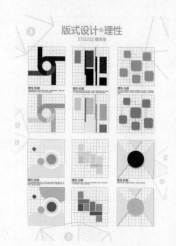

图 1-15　作品

1.5.5　教学环境探索（实验室建设资源）

对于交互设计而言，实践非常重要。经过多年的发展，我们建设了设计实验室、交互设计实验室、虚拟现实实验室、虚拟交互实验室和可用性测试实验室等多个实验室，并已经投入教学使用。

在设计实验室中，通过整合苹果公司计算机、服务器和各类终端设备，在一个统一的计算机平台环境下，构建了一个包含数字媒体设计、媒体动画/影视制作、媒体交互系统开发的统一的实验环境，为学生和科研人员提供媒体信息设计、制作的开发环境。整个环境系统分为以下几部分：苹果平台实验教学硬件平台、数字媒体应用设计软件平台、移动开发教学应用、实验室网络周边设备。

在交互设计实验室中，考虑到教学和实践需要，教师会使用触摸式互动屏幕展示数字沙盘，带领学生动手使用物理沙盘，在物理沙盘或者数字沙盘上练习。课余时间学生会在课程平台上学习，形成物理沙盘和数字沙盘、教学和实践的有机结合。这种全方位、立体式的教学方法，可以有效地激发学生学习的积极性，集中学生的注意力，增强团队协作。教师使用数字沙盘带领学生学习的场景如图 1-16 所示。

图 1-16　教师使用数字沙盘带领学生学习的场景

虚拟现实实验室是一个以驾驶模拟系统为主的实验室。通过虚拟场景和声音系统的使用可使用户获得接近真实的驾驶感受。利用仿真系统中数据的实时传递和反馈研究人员在驾驶环境下的交互行为，使用户体验真实的驾驶，更好地达成教学和项目目标。

虚拟交互实验室主要包括 zSpace 平台。该平台是一个互动式硬件和软件平台，供学生、教师、研究人员和企业培训师使用，能够体验数字化学习。

可用性测试实验室用于测试有代表性的用户对产品进行的典型操作，测试人员和开发人员等可在一旁观察、倾听并做记录。该实验室在结构上有两大功能区域：一是测试室，是进行可用性测试和行为观测的区域，能够对新产品体验和使用过程进行用户测试；二是观察室，是独立的区域，在这一区域，研究人员可以借助特殊工艺的玻璃实时观察、记录和分析正在进行的测试。

市场调研与设计研究
（Market & Design Research）

　　如果设计目标定位是源创新，即从源头上创新，它针对波特价值链理论的局限性做出突围，从根源上纠正了工业革命旧思维，提倡以"源创新"建立适应信息时代的"两面市场"生态系统，实现从以"产品"为中心到以"用户"为中心的转变，为多方用户提供新价值，那么在产品设计的初期阶段，研究团队需开展大量的市场调研与设计研究工作，为后期的细节设计进行设计定位和需求确认。根据美国营销协会（AMA）的定义，市场调研是用信息来联系营销者和消费者、用户和公众的活动，市场调研信息用于发现和确认营销机会和问题，并制定、提升和评估营销活动，监测市场表现，改进对营销过程的认识。尽管市场调研属于营销管理学的范畴，但其采集、分析、解释信息和数据的研究方法非常适合在交互设计初期阶段借鉴与使用。该阶段可分为市场调查、情景调查和系统分析三部分。对于产品的现有市场、潜在市场和目标用户群的调研分析，将影响到产品的设计定位及后续设计阶段的功能确定等工作。

　　本章将介绍交互设计中市场调研与设计研究的相关方法，如竞争产品分析、品牌策略分析、文献检索、横向思考、问卷调查等方法。这些方法的共同特点是都能在交互设计项目的初期帮助设计团队得到与商业和市场相关的指导性建议。

2.1　商业

　　在设计师眼中，再出色的交互设计只有经过市场的检验才能为人所称道。交互设计与纯粹的设计的不同点就在于，交互设计的产物并不是艺术品，而是实用品。因而在设计项目初期，团队成员需要对目标产品的现有市场和潜在市场等情况进行深入的调研分析。

2.1.1　竞争产品分析（Competitive Product Analysis）

　　好的产品只有在与市场上其他类似功能产品的比较中取得竞争优势，才能创造经济效益。竞争产品分析主要分为客观上（产品的结构、流程、数据）的分析和主观上（用户流程体验、各自产品的优势与不足）的分析。竞争产品分析对于设计的意义主要体现在以下几方面。

　　（1）为制定产品战略规划、各子产品线布局、市场占有率提供相对客观的参考依据。

　　（2）随时了解竞争对手的产品和市场动态，如果挖掘数据的渠道可靠稳定，那么根据相关数据信息就可判断出对方的战略意图和最新调整方向。

（3）可掌握竞争对手资本背景、市场用户细分群体的需求满足和空缺市场，包括产品运营策略。

（4）为新立项的产品、拍脑袋想出来的（指对新接触的行业没有积累和沉淀）产品、没有形成较为有效完整的系统化思维和客观准确方向的产品探明设计方向。

📖 **案例**

在对某直销品牌进行业务平台设计的前期调研中需要进行竞争产品（竞品）分析。在竞争产品分析前，设计团队首先要将与本品牌相关的关键词抽取出来。使用搜索引擎进行搜索，确定医药、养生、运动等与主题相关的关键词，圈定了竞争产品的范围。另外，考虑到该品牌是一个直销品牌，与玫琳凯和安利等品牌的运营模式非常接近，因此设计团队也对这两个品牌进行了重点分析。图2-1是竞争产品分析结果节选。

图 2-1　竞争产品分析结果节选

活法儿是一个提倡健康养生、轻松生活的网站。通过中医体质测试为用户提供个性化的养生方法。它获得年轻人青睐的关键在于可以根据个体情况个性化地提出建议。使用软件之初用户需要进行中医个人体质测试，根据测试结果平台将给出饮食、锻炼等方面的健康贴士，满足用户私人医生的体验。

针对活法儿的竞争产品分析是从产品本身的特点和逻辑展开的，而针对玫琳凯和安利的竞争产品分析则是从传播生态圈及隐藏在传播生态圈背后的运营模式展开的，玫琳凯传播生态圈分析如图2-2所示。分析得到的结论如下：玫琳凯传播生态圈是围绕产品、业务帮助工具、品牌资讯来构建全媒体整体布局的，某直销品牌可以结合自身平台特征及运营模式建立全媒体健康咨询公众平台。

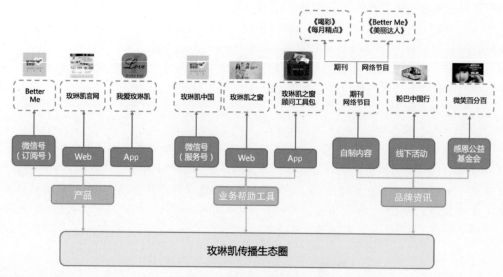

图 2-2　玫琳凯传播生态圈分析

2.1.2　品牌策略分析（Brand Strategy Analysis）

品牌与消费者对产品、产品系列或服务的认知息息相关，是与市场上其他竞争产品区分开来的重要标志。品牌信息传播的内容是在用户心中树立形象、实现产品推广的关键，确定品牌信息的传播方式及传播渠道是企业在制定营销计划时的关键步骤。好的品牌策略能够建立产品、服务与用户之间的情感联系，培养用户的忠诚度，从而建立品牌的长期价值。

品牌策略有 5 种，即产品线扩展策略、品牌延伸策略、多品牌策略、新品牌策略、合作品牌策略。

（1）产品线扩展策略。产品线扩展策略指企业增加某一产品线的产品时仍沿用原有的品牌。不同的产品可以满足消费者的不同需求，此策略可以充分地利用企业过剩的生产能力，填补市场空隙，扩大消费群，增加企业的利润。

（2）品牌延伸策略。当企业的竞争品牌侵占了企业品牌的一部分，使企业的品牌市场份额有所减少，或者是消费者的偏好发生了转移，原有的品牌定位无法给消费者带来更高层次的需求时，企业就必须开始给自己的品牌重新定位，以再次赢取目标消费者的"芳心"。

宝洁旗下品牌"飘柔"最早的定位是二合一带给人们方便，以及它具有使头发柔顺的独特功效。后来，宝洁在市场开拓和深入调查中发现，消费者最迫切需要的是建立自信，于是从2000 年起飘柔品牌以"自信"为诉求对品牌进行了重新定位。

（3）多品牌策略。企业在相同产品类别中引进多个品牌，建立多品牌组合，最大限度地覆盖市场。核心品牌在没有把握的革新中不能盲目冒险，当需要保护核心品牌的形象时，多品牌的存在更显得意义重大。例如，迪士尼企业在其电影制作中使用多个品牌，使得迪士尼企业可以生产各种类型的电影，从而保护了品牌形象。

（4）新品牌策略。为新产品设计新品牌的策略称为新品牌策略。当企业在新产品类别中推出一个产品时，可能发现原有的品牌名称不再适合，或是对新产品来说有更好、更合适的品牌名称，因此企业需要设计新品牌。

（5）合作品牌策略。合作品牌策略是一种伴随着市场激烈竞争而出现的新型品牌策略。一种产品同时使用企业合作的品牌是现代市场竞争的结果，也是企业品牌相互扩张的结果。这种品牌策略现在较为常见，如"一汽大众""上海通用"等。

品牌策略分析的目的在于确定产品的设计开发与市场环境的关系，确定设计开发方向和设计竞争对策及确定在设计中体现的品牌文化原则。品牌策略需要渗透到产品的品牌设计、概念设计、具体产品设计等方面，与经营战略的关系更加密切。

可通过品牌核心价值提炼、品牌概念差异化塑造、企业/品牌 VI 形象策划与更新、服务环境规划设计、终端推广宣传物料设计、交互设计等构建以市场消费为核心的品牌识别系统，如图 2-3 所示。

图 2-3　品牌识别系统

📖 **案例**

本案例来自 2012 年基于云计算的内容存储分发业务研发——系统原型与客户端软件开发项目，项目的目的是了解现有云盘产品的特色功能定位，为之后的设计提供思路。项目组针对市面上流行的基于不同品牌策略的云存储产品进行对比分析，以下为部分内容节选。

（1）以社区为特色的网盘（139 说客网盘、QQ 网盘）的特点见表 2-1。

表 2-1　以社区为特色的网盘

特点	网盘描述
绑定客户端	139 说客网盘：与 139 说客等应用相结合，提供文件的存储、搜索、寻求、共享服务的网络硬盘移动解决方案 QQ 网盘：与 QQ 邮箱绑定使用
实现社区内的文件共享	139 说客网盘：添加 / 选取联系人后可共享文件 QQ 网盘：通过邮件形式共享文件
不同用户可对文件进行协同编辑	139 说客网盘：文件共享给好友后可实现不同用户之间协同编辑
可开发第三方应用	139 说客网盘：有 139 说客社区娱乐应用

电信的优势：中国电信的基础用户量大

电信的不足：基础用户量虽大，但用户之间关联性不强

合作优势：利用社区的社交性质，黏合用户，给予用户归属感
　　　　　社区用户间的相互影响，有利于宣传推广自己的业务

　　Amazon 与 Twitter 的合作。在 Amazon Simple Storage Service（S3）上为 100 万个用户账户存储图片。通过按照使用付费的方式，Twitter 不需要花费大量资金购买硬件基础设施来存储和提供图片服务，也不需要支出人力和部件成本来配置和维护图片

　　总结：网易网盘、QQ 网盘、139 说客网盘，其品牌的网盘产品在很大程度上不作为其主打的产品，而是通过网盘来吸引更多用户去使用品牌的邮箱产品。通过提高邮箱的用户黏性，发展邮箱相关链条，实现赢利

　　网易网盘通过邮箱广告和直邮等赢利

　　QQ 网盘通过增加 QQ 邮箱的用户或者吸引用户充值会员赢利

　　139 说客网盘通过网盘带动邮箱，再通过邮箱带动中国移动的手机用户数而赢利

（2）以邮箱为特色的网盘（139 邮箱网盘、QQ 网盘）的特点见表 2-2。

表 2-2　以邮箱为特色的网盘

特点	网盘描述
通过外链接共享文件	139 邮箱网盘：通过邮件形式将文件共享给好友，或者将文件发布说客，所有的好友都能看到文件。没有文件外链的形式
可捆绑手机	139 邮箱网盘：要求实名注册，上传头像，还要求用手机号码验证注册
可用手机客户端登录	139 邮箱网盘：支持手机客户端登录 QQ 网盘：可使用手机 QQ 邮箱登录
采取保密措施，防止信息泄露，保证信息安全	139 邮箱网盘：手机密码验证并有登录、退出的短信通知 QQ 网盘：可对文件进行加密。会员安全性更高

电信的优势：拥有庞大的数据通信网络
　　　　　手机用户量大

电信的不足：与 139 邮箱（移动）相比，189 邮箱（电信）的用户量小

合作优势：绑定邮箱，利用邮箱用户量大的优势

2.2 信息

在项目设计初期，设计团队应对目标产品的所有相关信息都有所了解和涉猎，并从中抽取出对设计有用的信息。信息的有效性比信息的数量更有意义。

在市场调研与设计研究中，需要收集大量的信息，包括市场的信息，也包括产品本身的信息，这些信息将在以后的设计流程中发挥指导作用，甚至被分门别类，使用到产品中，为用户提供服务。以下主要介绍文献检索、横向思考、系统思考和优先矩阵 4 种收集、整理信息的方法。

2.2.1 文献检索（Document Retrieval）

文献检索是指我们根据学习或工作的需要，查找并获取文献资料的过程。狭义的文献检索是指依据一定的方法，从已经组织好的大量有关文献的信息或文献的线索中，查找并获取特定的相关文献的过程。广义的文献检索主要是指与项目或产品相关的二手资料的收集、整理和分析，渠道来自网上资料搜索和图书馆书籍信息搜索等。文献检索的重点在于检索角度的选取与切入，以及有序地整理和分析已收集的杂乱无章的信息。

案例

为了对现有餐饮互动服务进行研究，采用 O2O（线上与线下）模式对其进行分类，收集资料并从三类餐饮业 O2O 平台中分别选取一个代表性对象进行互动性分析，见表 2-3。

表 2-3　餐饮业 O2O 平台互动性分析

类型	平台	互动对象	互动方式	信息传播方式	同步/异步	使用频率
基于团购网站的 O2O 平台	美团网	其他消费者（陌生人）	发布或查看消费评价	点对面	异步	低
			对评价内容进行回复（评为"有用"）	点对点	异步	低
		社交媒体中的好友	分享到社交媒体	点对面	异步	高
基于单个企业的 O2O 平台	广州酒家官网	商家	意见反馈	点对点	异步	低
基于电商平台的 O2O 平台	大众点评网	其他消费者（陌生人）	发布或查看点评	点对面	异步	高
			对评价内容进行回复（赞、献鲜花、回应、收藏）	点对点	异步	高
			加关注、发私信	点对点	异步	低
		社交媒体中的好友	微信分享	点对点 点对群 点对面	同步或异步	高

结论：现有餐饮业 O2O 模式中的互动主要存在于消费者与其他消费者（陌生人）之间，而消费者与固有社交关系网络、消费者与商家之间的互动性不足，互动方式单一，信息可信度不高，未能实现连接、消费、分享、协作、创作的互动需求，同时也导致消费者互动驱力不足。而微信聊天、朋友圈、扫二维码、摇一摇、查看附近的人、漂流瓶、游戏、公众平台、微信支付等功能，使得人们的社交网络从原有的"弱关系社交网络"向基于 QQ 好友和手机通讯录的"强关系社交网络"转变，其点对点、点对群、点对面的传播模式，为消费者之间的互动提供了多种形式，也打通了餐饮商家与消费者之间的双向沟通，为商家提供了一个用户管理平台和一个能够直接实现赢利的可能渠道，弥补了现有餐饮业 O2O 模式在互动性上的不足。

2.2.2　横向思考（Lateral Thinking）

横向思考是认知思维的一部分。横向思考适用于从其他领域的事物、事实中得到启示而产生新设想，改变解决问题的一般思路，试图从其他方面、方向入手，增加思维广度。

剑桥大学的爱德华·德波诺（Edwward de Bono）教授研究得出的横向思维方法有以下几种。

（1）对问题本身产生多种选择方案，而不要局限于当下好像最有希望解决问题的办法。

（2）打破定式，提出富有挑战性的假设，并对各种假设提出质疑。

（3）对头脑中的新主意不要急于做出是非判断，不要急于对头脑中涌现出的想法加以判断。

（4）反向思考，用与已建立的模式完全相反的方式思考，以产生新的思想。

（5）对他人的建议持开放态度，使一个人头脑中的主意刺激另一个人，形成交叉刺激。

（6）扩大接触面，寻求随机信息刺激，以获得有益的联想和启发。

（7）参加新观念的启发性会议。

案例

基于 2012 年的车载社交项目，项目组调研总结得出 6 个设计方向，包括导航助手、信息提醒、车载社交（拍客）、互动游戏、音乐及设计，分别对每个设计方向进行横向的功能设想，设想的依据基于问卷调查中用户对功能点的感兴趣程度。在发散的过程中寻找最具代表性和设计潜力的设计方向。以下以其中两个方向为例，以故事板的形式来描述选择设计方向的原因及设计意图，图 2-4 为导航助手功能设想，图 2-5 为车载社交（拍客）功能设想。

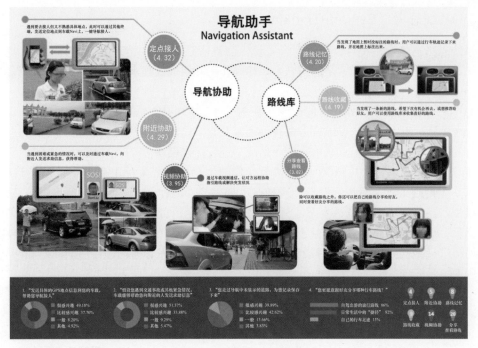

图 2-4　导航助手功能设想

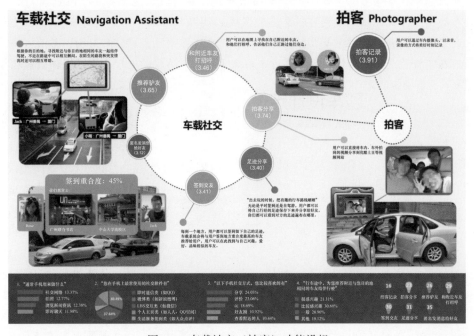

图 2-5　车载社交（拍客）功能设想

2.2.3 系统思考（System Thinking）

系统思考需使用多种方法研究多个系统，注重研究系统的交互性，并从整体的角度研究系统。其目标是通过理解元素之间的联系、相互作用和组成过程来洞察系统，可帮助我们理解并解决包含大量交互关系的复杂问题。

系统思考受系统设计方法论的影响。在 20 世纪 50 年代，人们普遍认为设计是一项系统工程。在设计过程中，首先要综合考虑各种因素及它们之间的关系，然后提出一系列贴合分析结果的设计方案，再从众多方案中选出一到两个进行优化设计。

清华大学美术学院的柳冠中先生认为，我们生存的世界实际上是一个复杂又结构化的"系统"，无论是工具、用具、设备，还是技术、工艺、流程、方法，无论是组织、机构、社区、城市，还是市场、环境、生态，无论是观念、理论、实践，还是政策、法律、评价体系等，实际上都是组成各种层次维度上的小"系统"，每个小"系统"又能融入人类社会的"整体结构链"。这就要求我们在进行设计时，需要用系统的眼光看问题，在前期调研和产品设计的过程中，要把产品放到其所在的小系统和大系统中审视。

案例

用系统思考方法进行整车 HMI 分析，如图 2-6 所示。汽车作为一个与人交互的复杂系统，我们着眼于其中任何一个部分进行研究，都不能给用户带来更好的体验。只有把汽车视为一个完整的交互系统，才有给用户提供优越体验的可能。项目成员应先从整体考虑车内的信息布局、整车的交互方式，以及车内可供交互的区域；再从细节入手，分别对车内的 HUD、仪表盘、方向盘、中控屏、控制屏等进行分析，分析角度有界面元素、信息架构、界面布局、交互方式等，在掌握了这些基本信息后，再对车内的几块屏幕的联动进行分析。这样就能从整体到细节地对整车的 HMI 情况进行大致的了解。

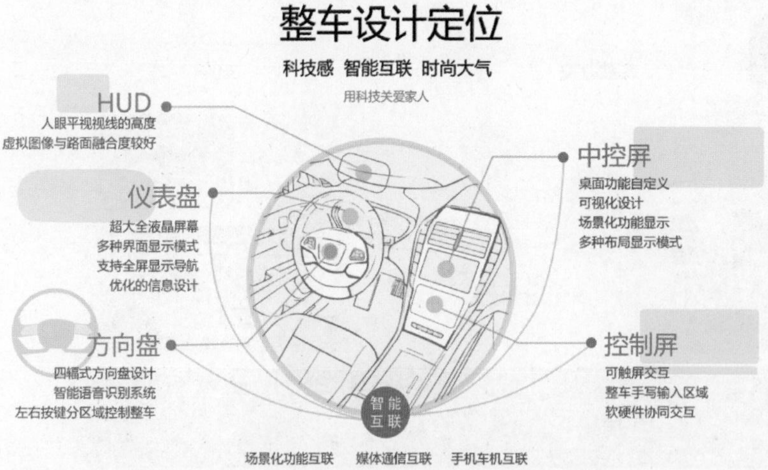

汽车内部的交互系统包括 HUD、仪表盘、操作台、中控屏、控制屏、方向盘和变速杆等，再加上驾驶任务，用户需要面对和处理的信息量巨大。因此，在考虑汽车内部的 HMI 系统时，既需要把各个屏幕分开分析，又需要考虑多个屏幕联动交互的情况。

图 2-6　用系统思考方法进行整车 HMI 分析

2.2.4　优先矩阵（Prioritization Matrix）

优先矩阵是一种确定优先解决问题或者确定解决问题的优先措施的设计方法。在实际的项目执行中，项目团队在确定产品的需求后，往往还要面对在有限的时间内，解决大量需求的问题。优先矩阵就是解决这一问题的方法之一。

优先矩阵的优点在于：它能够确定主要薄弱环节，从而实现主要改进目标，大幅度提升产品的使用体验和竞争力；优先矩阵能够使时间和资源科学地分配到项目进程中；另外，它还能够促进团队的团结，支持各个利益相关方一致同意的优先环节，提高执行力。

在优先矩阵中，常常会使用矩阵图或者树状图，根据权重系数和决定准则来测量和评价关联性，以决定要优先解决问题或者优先采取的措施。在使用优先矩阵方法时，首先需要确定决定准则，准则来源于我们对影响因素的理解。例如，经济、时间、物理性能等。在确定准则后，我们会使用排序、投票等方法来进行比较。

优先矩阵类型繁多，其中最常见的是艾森豪威尔时间管理矩阵，如图 2-7 所示，该矩阵包括 4 个象限，分别是重要且紧急、重要但不紧急、不重要但紧急和不重要且不紧急。重要且紧急类的事情是需要团队最先去实施的，而且需要立刻做，亲自做；重要但不紧急类的事情可以允许团队稍后再实施，同时可以确定后续实施的时间；不重要但紧急类的事情如果团队不想花时间多加考虑，也可以请别人去完成；不重要且不紧急类的事情就是那些可做可不做的事情，就需要团队仔细思量是否值得去做了。另一种常见的矩阵是加权矩阵，其常用于草图和早期原型阶段之后，此时有大量的理念被提出。加权矩阵的使用能够帮助我们更好地管理设计理念。

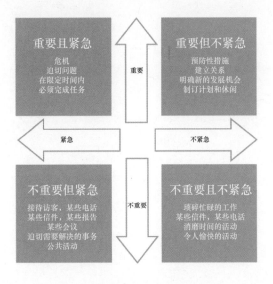

图 2-7　艾森豪威尔时间管理矩阵

案例

在汽车交互设计中会面临很多问题，其中一大问题就是驾驶任务和非驾驶任务的优先级排序。众所周知，在汽车驾驶中，安全是第一位的。但在实际生活中，驾驶员和乘客常常需要面对各种各样的任务，包括驾驶任务和非驾驶任务。驾驶任务包括汽车的横向和纵向控制、留意路况、鸣笛等；非驾驶任务包括使用手机进行导航、打电话、浏览消息、刷微博、网购、听广播了解路况等。要保证安全和良好的用户体验就需要设计师对驾驶任务和非驾驶任务进行优先级排序。而驾驶任务和非驾驶任务的优先级排序也需要遵循安全这一原则，在保证驾驶员和乘客安全的情况下，来进行信息架构设计和交互界面设计。

在汽车交互设计中，使用艾森豪威尔时间管理矩阵进行任务优先级排序，如图2-8所示。在矩阵中，我们分析了急刹车、纵向控制、横向控制等驾驶任务，以及刷微博、收听广播路况、接听电话等非驾驶任务在驾驶过程中的紧急与重要程度，以此作为信息架构设计和交互界面设计的依据。从图2-8中我们可以得到以下结论：在驾驶过程中，与驾驶相关的任务基本都趋向重要，如汽车的横向控制、纵向控制、留意路况、导航、收听广播路况等，其中部分还趋向紧急；其他与驾驶本身无关的任务基本都趋向不重要。

运用艾森豪威尔时间管理矩阵进行分析得到的结论，可以对汽车的交互设计起到一定的指导性作用。在进行信息架构设计和交互界面设计的过程中，要尽量把与驾驶相关的信息突显出来，并降低其他与驾驶无关的任务对用户的干扰，在保证用户驾驶与乘客乘坐安全的前提下，获得最佳的用户体验。

图 2-8　使用艾森豪威尔时间管理矩阵进行任务优先级排序

2.3 设计

尽管在市场调研与设计研究阶段还没有涉及具体设计，但仍需要设计团队运用一些常用设计方法对之后的设计进行铺垫和思考，以便确定设计定位和方向。

2.3.1 问卷调查（Questionnaire）

问卷调查是用户研究中经常使用的方法。通过问卷调查我们可以收集到来自不同地域、不同背景的用户信息，获取用户的偏好及意见。由于研究人员无法直接接触用户，所以问卷的问题设计、信度和效度分析，以及问卷回收后的过滤与数据统计分析至关重要。问卷调查属于定量研究的方法。

问卷调查的优点主要有：不用面对面交流；可以用来为主要利益相关者提供信息；可以用来确认提出的解决方案是否被采纳；可以对从一对一访谈中获得的反馈再一次进行检查；可以用较少的费用了解较大的群体。

问卷调查的缺点主要有：模糊的问题将会返回对设计毫无用处的模糊的答案；人们不喜欢很长的问卷调查；封闭式问题限制了答案；开放式问题难以被量化。

问卷调查流程图如图 2-9 所示。其中调查信度和效度是较为重要的环节，信度即可靠性，是指使用相同指标或测量工具重复测量相同事物时，得到相同结果的一致性程度；效度即有效性，能够衡量综合评价体系是否准确反映评价目的和要求，指测量工具能够测出其所要测量的特征的正确性程度。相关分析可以借助数据统计分析工具来完成。

问卷调查流程图

图 2-9 问卷调查流程图

在设计问卷时，首先应根据初步访谈确定目标用户群，然后根据不同的用户类型量身定做不同的针对性问卷。可以先列出问卷问题的大纲，理清每类问题的目的，对将来设计的影响等，明确希望从问卷调查中获取哪些用户信息，为问卷的正式撰写提供依据。问卷的问题类型可以分为开放型问题、导入型问题、过渡型问题、关键型问题及结束型问题。不同类型的用户在同一问题类型下的问题可以是相同的，也可以视具体情况各有不同。

案例

在 2009 年的某网站优化建设项目中，项目组在前期研究中通过访谈结果，将用户群聚焦为政府官员、高收入人群、系统集成商、房地产商 4 类，并在随后的调查问卷中有所侧重地对 4 类用户设定问题，用户调查问卷见表 2-4。

表 2-4　用户调查问卷

问题类型 Type of Question	用户类型 Type of User				目的 Goal	影射至界面 Interface Reflection
	房地产商 Realtors	系统集成商 SI	高收入人群 High Income Groups	政府官员 Government Official		
开放型问题 Open Question	请问贵公司希望通过网站达到什么目标？ 贵公司希望在不同用户心里是怎样的形象？ 请描述一下您印象中典型的客户的特征（概括）。 请回想您印象最深刻的一个客户，他们具有什么特征或者说什么话让您印象深刻（举例）？				用户总体特征	整体风格
导入型问题 Engaged Question	（1）与您沟通的是他们本人还是秘书？他们的年龄、学科背景、交流方式通常是怎样的？ （2）他们一开始是怎么知道你们的服务与产品的？合作方式通常是怎样的？	（1）与您沟通的是他们本人还是秘书？他们的年龄、职业背景、交流方式通常是怎样的？ （2）他们一开始是怎么知道你们的服务与产品的？合作方式通常是怎样的？	（1）在维修过程中，与您沟通的是男主人还是女主人？保姆或其他人？他们的特征（年龄、职业、居住环境、生活习惯）是怎样的？ （2）他们一开始是怎么知道你们的服务与产品的？他们认为通过朋友介绍、网络、普通广告还是其他方式比较可靠？	（1）与您沟通的是什么级别的政府官员？请描述一下他们的总体特征。 （2）他们之前听说过你们的服务与产品吗？通常是通过什么方式得知的？展销会？交易会？还是其他的？	用户细致特征，进行用户细分	是否需要个性化页面，如公司介绍的风格和产品展示
过渡型问题 Transitional Question	当客户一开始接触你们的服务与产品时，认为是什么产品？		当客户一开始接触你们的服务与产品时，认为是什么产品？能给他们的生活带来哪些不同？	（1）当客户一开始接触你们的服务与产品时，认为是什么产品？ （2）听完你们的介绍后，对你们的企业有什么评价？	用户的观点和态度	信息的优先级，信息关联，页面跳转

（续表）

问题类型 Type of Question	用户类型 Type of User				目的 Goal	影射至界面 Interface Reflection
	房地产商 Realtors	系统集成商 SI	高收入人群 High Income Groups	政府官员 Government Official		
关键型问题 Important Question	（1）回想一下，客户最常问的关于你们的服务与产品的问题是哪些？价格？稳定性？还是其他的？ （2）通常维修是哪些原因（客户处理不当、产品稳定性）？ （3）客户会不会在场？他们提出什么意见或者建议？ （4）回想一下客户有没有提出在哪些地方增加什么设备？ （5）在你们介绍时，客户会对怎样的表现方式感兴趣？三维实体模型演示？虚拟的广告片？纸质的宣传册？ （6）客户希望看到你们的服务和产品的哪些功能效果？客户希望看到服务的整个流程、产品的整体效果还是产品的单一效果？			（1）在你们介绍时，客户会对怎样的表现方式感兴趣？三维实体模型演示？虚拟的广告片？纸质的宣传册？ （2）客户希望看到服务和产品的哪些功能效果？ （3）客户通常关心你们公司哪方面信息？	用户的需求和目标	信息的优先级，信息关联，页面跳转
过渡型问题 Transitional Question	最后是什么因素促使客户购买？给楼盘增加卖点？楼盘价格提升？成交量增加？	最后是什么因素促使客户购买？	哪些因素最后促使客户决定购买你们的服务与产品？ 给了客户安全感？享受家庭娱乐？	—	用户的观点和态度	信息的优先级，信息关联，页面跳转
结束型问题 Ending Question	讨论展示方式					
	请问还有哪些补充？ 是否有您想说又没有机会说的内容？			—	—	

2.3.2 场景分析（Context Analysis）

场景分析包括主要场景及各种边缘（特殊）场景。如果我们做的是已有产品的优化设计，那么可以从用户中得知他们的使用场景，但如果是创新产品的设计，我们就需要用评价维度去筛选出主要场景进行分析。常见的维度有：

发生频率——预估此场景的用户活跃度；

重要性——了解用户对此场景的主观上的评价；

满意度——了解用户对目前使用方式的满意度；

易用性——了解用户目前使用方式的痛点；

意愿性——了解用户将来的使用意愿。

根据以上维度，我们就可以将频率高、重要性高、满意度低、易用性低、意愿性高的场景设为优先分析的主要场景。

边缘（特殊）场景指的是使用产品时可能出现的极致情况，包括特殊用户（如老人、小孩）的一般场景、一般用户的特殊场景（如火灾发生时大门的使用）。

服务设计中经常使用的特殊事件与边缘（特殊）场景类似，要求受访者讲述一些印象深刻的事件，然后对这些所谓的关键事件进行内容分析，以寻求导致关键事件发生的深层次的原因。通过查看用户接受服务的过程，确定和列举服务的关键元素，发现用户日常生活中的差距和机会。通过分析用户在遇到不便时的场景，获取潜在提供服务的机会。

案例

在 2014 年的汽车安全驾驶设计研究与倒车场景 HUD（抬头显示）设计项目中，可使用场景分析法，旨在列出目标用户在驾驶中可能遇到的边缘（特殊）场景，并针对用户需求进行优先级分析。

场景概述：李红驾车去幼儿园接五岁的儿子放学。

（1）李红打开车门，坐上驾驶座后，系好安全带，发动汽车，准备前往儿子所在的 A 幼儿园。

（2）李红沿着直行的道路一直前行，这时前方右侧的某个小道中突然出现一辆电动车，在前方行驶出一个大弧度之后，靠右边向前直行。虽然过程只有几秒钟，但是李红还是被突然出现的电动车惊吓到，紧急打了方向盘并减速，所幸没有发生事故。该路口较隐蔽，两栋楼房挡住了李红的视线，所以李红没有提前发现电动车。平复心情后，李红继续前行，向儿子的幼儿园开去。——路边小道使视线受阻。

（3）李红继续行驶，前方车辆行驶较慢，李红跟行了一段时间后判断此车会一直这样低速行驶下去，于是李红决定变道超车。李红查看自己的车后方没有车辆，于是她没有打转向灯，直接变道至左侧车道，但此时前方的车辆也突然开始向左变道，李红立即按喇叭，但还是没有打转向灯，继续向左侧变道。前方车辆注意到后，回到了原来的车道。此情况也是发生在几秒钟之间，但李红还是受到了惊吓。——变道时前方车辆也突然变道。

（4）李红继续前行，由于李红心情未能平复，仍处于刚才的紧张状态中，所以没有注意到前方的红灯，于是在十字路口处，进行急刹车操作。——开小差导致没有注意到红绿灯。

（5）在这之后，李红继续前行，在快到达幼儿园时，她遇上了堵车，为了在儿子放学前赶到幼儿园，她决定超车。她看到左侧车道之间有空隙，于是打转向灯，开始向左变道，这时左侧车道后方的车辆立刻向前行驶。李红看到没有足够的位置进行变道，打算回到原来的车道，但这时原先车道后方车辆也向前行驶，此车道也没有自己可以进入的位置。于是李红驾驶的车辆尴尬地处于两车道之间，随后李红趁一辆车前行立刻打转向灯，回到了原来的车道。——在拥挤道路上试图超车，结果没有成功，处在两车道之间的尴尬位置。

（6）在此之后李红就一直跟着车辆慢慢前行。终于还有一个路口就到了，这时她需要右转，由于幼儿园附近的行人和非机动车十分多，此路口的右转和直行又是同时放行的，李红担心与行人和非机动车碰撞，因此开得特别小心，速度也相对慢，最后她终于顺利通过了路口。——右转时行人和非机动车直行，容易发生碰撞事故。

（7）在快到幼儿园门口时，道路异常拥挤，李红一直慢慢地前行，并观察周围的行人和非机动车，以及与前后车的距离。随后，李红想要找一个地方停车。——在比较拥挤的道路上，需要缓慢行驶，同时需要注意周围的行人和非机动车，停车位也相对难找。

（8）因为李红接完儿子之后就会立刻离开，所以她将车侧停在路边。为了找到一个足够宽的空位，李红在距离幼儿园门口 500 米的地方停车。李红一边抬头看车后的情况，一边慢慢移动车位，来回调整车位后，李红终于停好了车，最后熄火，下车。但是下车后，李红发现车轮没有回正，于是她又重新回到车上操作。——停车时需要扭头看车后，停完车后却发现车轮没有回正，又要重新操作。

2.4　综合案例：车载社交系统前期调研

通过调查以广州地区为主的智能手机使用人群的使用习惯及偏好，探索智能手机应用程序在车载导航终端平台上的可行性及优化设计。在市场调研与设计研究阶段，项目组通过对以广州地区为主的智能手机使用人群调查，了解他们的使用习惯及偏好等（如常下载的应用，下载这些应用的目的，怎样使用，现在没有但若增加会觉得好的功能），并了解消费者希望在车内使用的应用，进行功能模块的设想。

1. 车载导航国内市场分析及热门功能——文献检索方法

车载导航的市场分析如下。

据报道，截至 2012 年第 1 季度，我国私家汽车拥有量已经达到 8650 万辆。全国乘用车销售量连年增长。2008 年年初至 2012 年 5 月底我国乘用车销量统计如图 2-10 所示。

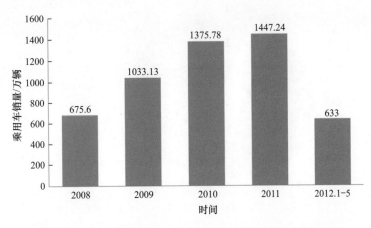

图 2-10　2008 年年初至 2012 年 5 月底我国乘用车销量统计

随着汽车产业的发展，车载导航产业也得到快速发展，作为车载导航核心的导航电子地图在整个车载导航产业链中占比为 20% 左右。

在 2012 年前后，国内拥有电子地图生产甲级资质的厂商有 12 家，而真正能够提供电子地图的只有 7 家，分别是：四维图新、高德软件、灵图、瑞图万方、凯立德、易图通、城际高科。表 2-5 列举了部分电子地图企业及其对应业务。

表 2-5　部分电子地图企业及其对应业务

电子地图企业	地图品牌	主力市场	备注
四维图新	四维图新	前装导航	仅做数据
高德软件	高德	前装导航	地图和导航软件
灵图	天行者	—	地图和导航软件
瑞图万方	道道通	后装导航	地图和导航软件
凯立德	凯立德	后装导航	地图和导航软件
易图通	易图通	—	仅做数据
城际高科	城际通	—	地图和导航软件

车载导航终端产品主要分为前装导航、后装导航、便携终端（PND 终端）。2010 年，车载导航终端出货量为 963 万台，其中前装导航出货量为 64.7 万台，比 2009 年增长了 41%；后装导航出货量为 448.4 万台，比 2009 年增长了 100%；PND 终端出货量为 449.9 万台，比 2009 年增长了 103.6%。图 2-11 为车载导航终端产品的市场划分情况。

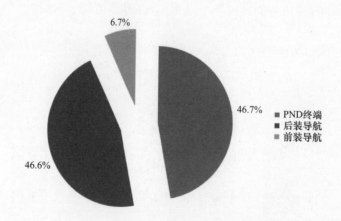

图 2-11　车载导航终端产品的市场划分情况

前装导航市场由四维图新和高德主导，2010 年，两者占据市场份额的 90% 左右，道道通位列第三，而其他电子地图企业的市场份额则很小。2011 年，中国前装导航车销量约为 100 万辆，其中约 50 万辆使用四维图新导航电子地图。

后装导航市场中，道道通占 42.65% 的市场份额，其次是凯立德，占 34.02%，高德和四维图新分别占 13.05% 和 7.91%。

PND 终端市场中，2011 年凯立德的占有率为 68.40%，万禾、E 道航、昂达、京华、善领等国内 PND 终端市场主流硬件品牌大多为凯立德的客户，其次为道道通的客户，其他电子地图企业所占比例不大。

随着我国交通网络的不断建设，地图内容每年至少要更改 30%～40%，对于电子地图制造商来说，既是机遇又是挑战，但鉴于老牌图商的资质和实力，能做电子地图的公司并不多。电子地图制造商的差异化竞争主要体现在地图信息的深加工和电子地图的附加值的提高。例如，高德软件利用其导航专业性为智能手机及相关设备市场投入开发资源，开发基于无线定位的媒体平台，把移动导航和地图应用大量安装到 Android 手机上；2012 年 4 月 25 日，四维图新正式推出语音和 ADAS 地图数据，为车辆行驶提供精确的位置支持。

导航电子地图的发展有以下三种趋势，一是由自主导航向网络导航发展；二是由单一导航信息向综合信息服务发展；三是由二维平面向三维实景导航发展，如 2010 年道道通推出了 e 都市式的 3D 实景导航电子地图。"一键导航"（Telematics 服务的一小部分）也吸引了大批的电子地图公司。

2．车载导航功能点及汽车厂商与 IT 企业合作情况——竞争产品分析方法

根据前期查找的文献资料和调研结果，可以总结出市场上现有车载导航的功能点，如图 2-12 所示，并且了解市场上汽车厂商和 IT 企业的合作情况，以及合作的大致功能方向。

从汽车厂商与 IT 企业合作的分析可以得出，未来车载系统智能化已成大势。未来的汽车将不再只是作为交通工具，而是具备运算和通信能力的终端，这促使汽车厂商与 IT 企业合作制造出带车联网的智能移动终端。

经过查询资料和分析得出汽车厂商与 IT 企业合作的侧重点在于车联网与车载的结合，通过车联网构建导航、生活服务信息、车检等便捷服务与社交娱乐一体的综合应用。

3．实地问卷调查与访谈——问卷调查方法

为了进一步对行车过程中的潜在功能需求进行排序，并验证创新功能点的可行性及用户市场，项目组进行了一次小规模的实地问卷调研，调研地点主要集中在广州永福路汽车用品卖场及机场南路，针对的对象为卖场销售人员及年轻、有开车经验的白领。通过定量分析，最终得出用户行车过程中的功能点需求，进而为创新功能点设计提供依据。

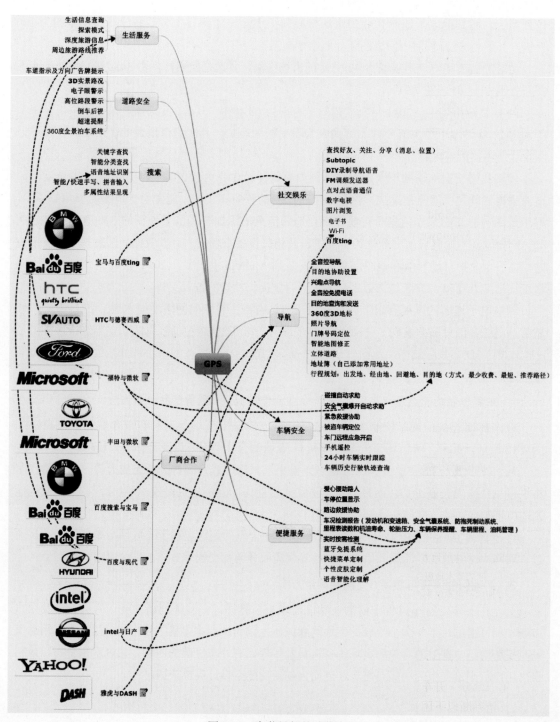

图 2-12　车载导航的功能点

调研问卷

第一部分　个人信息

1. 年龄：	◎ 20 ～ 25 岁　◎ 26 ～ 30 岁　◎ 31 ～ 35 岁　◎ 36 ～ 40 岁　◎ 40 岁以上
2. 性别：	◎男　　　◎女
3. 职业：	◎ ＿＿＿＿＿＿
4. 驾龄：	◎ ＿＿＿＿＿　◎无

第二部分　智能手机使用情况调查

1. 您使用的智能手机操作系统是（　　）。

　A．Android　　　　　　B．iOS　　　　　　　C．Windows Phone7

　D．Windows Mobile　　E．塞班　　　　　　F．黑莓

2. 您使用的手机运营商是（　　）。

　A．中国移动　　　　　　B．中国联通　　　　　C．中国电信

3. 您使用的上网方式是（　　）。

　A．GPRS　　　　　　　B．3G　　　　　　　　C．Wi-Fi

4. 请判断下面选项是否符合您目前的手机使用状况。请在对应数字上打钩（√）。

项目	完全符合	比较符合	一般	比较不符合	完全不符合
我喜欢用手机看书	5	4	3	2	1
我经常更换手机壁纸或者主题	5	4	3	2	1
我喜欢随时随地拍照，有时上传到微博等软件来记录生活	5	4	3	2	1
我喜欢下载视频到手机观看	5	4	3	2	1
我觉得手机类似摇一摇、漂流瓶一类的功能很好	5	4	3	2	1
我喜欢用语音控制手机	5	4	3	2	1
我经常用手机在线听音乐	5	4	3	2	1
我经常用手机查看天气	5	4	3	2	1
当我去一个陌生的地方时，我会用手机来查找附近的餐馆、酒店等本地服务场所信息	5	4	3	2	1
我经常使用手机导航来查找想去的地方	5	4	3	2	1
我喜欢使用手机进行视频通话（排除资费、像素等因素）	5	4	3	2	1
相比看小说等，我更喜欢听新闻	5	4	3	2	1

第三部分　开车情况调查

1. 请判断以下困扰在您开车过程中出现的频率。请在对应数字上打钩（√）。

项目	经常	一般	偶尔	完全没有
使用手机不方便	4	3	2	1
找不到厕所	4	3	2	1
找不到餐厅	4	3	2	1
找不到目的地	4	3	2	1
天气不好，干扰行程	4	3	2	1
感觉开车枯燥	4	3	2	1
遇到交通事故后求助困难	4	3	2	1
找不到停车位	4	3	2	1
行驶中遇到事情不能立刻处理	4	3	2	1
遇到其他车辆不遵守交通规则	4	3	2	1
疲劳驾驶	4	3	2	1
他人的指路描述不清楚	4	3	2	1
在同行车队中掉队或别人掉队	4	3	2	1
遇到交通临时管制、限行	4	3	2	1

2. 请判断以下描述是否符合您的情况。请在对应数字上打钩（√）。

项目	完全符合	比较符合	一般	比较不符合	完全不符合
我希望能在车上进行视频通话	5	4	3	2	1
我希望获取实时停车位信息	5	4	3	2	1
我希望行车前显示路况信息	5	4	3	2	1
我在行车时希望获取天气情况	5	4	3	2	1
我希望行车时获得生活信息（优惠、新闻、微博等）	5	4	3	2	1
发生交通事故时我可以迅速地寻求救援	5	4	3	2	1
我希望能通知我近期的违章情况	5	4	3	2	1
我希望在地图中查看车队队友的位置	5	4	3	2	1
我希望行车时能了解我的日程安排	5	4	3	2	1
我希望车内有一个在线听歌的音乐播放器	5	4	3	2	1
我希望导航能够连接网络	5	4	3	2	1
我希望能通过语音操作某些功能	5	4	3	2	1

3. 假如您的汽车具有以下功能，根据字面描述，请判断您是否感兴趣。请在对应数字上打钩（√）。

项目	感兴趣	比较感兴趣	一般	比较没兴趣	完全没兴趣
行车漂流瓶（在同一地点分享、接收他人分享的信息）	5	4	3	2	1
防疲劳驾驶（长时间开车提醒）	5	4	3	2	1
美食地图（特色美食店面显示与导航）	5	4	3	2	1
车内卡拉 OK	5	4	3	2	1

（续表）

项目	感兴趣	比较感兴趣	一般	比较没兴趣	完全没兴趣
实景导航	5	4	3	2	1
车载视频聊天	5	4	3	2	1
手机发送定位接人（手机发送位置给车载系统）	5	4	3	2	1
根据天气和地理位置等信息播放音乐	5	4	3	2	1

4. 筛选后功能点描述

根据问卷结果及调研对象评价，我们从初期的功能点中提取了其中用户较为关心的问题，以备进行进一步的功能设计，如表 2-6 所示。

表 2-6　关心的问题

功能点	关心的问题
路况	及时性：路况信息及时更新（如及时提醒所选路线的交通问题 / 该路段的限行信息）； 有效性：同时具有语音和图像两种传递方式
快速救援	有效性：利用导航发送确切的地点信息，拍摄车内具体情况并发送，可以直接语音通话； 及时性：可以与车辆的整体系统连接，当车辆遭遇撞击或损坏到一定程度之后自动报警； 容错性：平时不能随便按到
找车位	可行性：该应用能否实现； 及时性：空车位能否即时更新
实景拍摄导航	可行性：实现起来有点难； 价格问题：担心价格昂贵
提供行车地点的景点、餐厅、住宿、团购等推荐信息	信息全面性：洗手间、餐厅、超市的优惠信息； 安全性：担心会影响行车安全； 实用性：部分受访者表示这方面信息会在事先规划好（问朋友），部分觉得使用的频率不高
备忘录同步	便捷性：方式一定要让用户最快速、最便捷地记录和查看备忘录； 隐私性：不希望泄露自己的隐私（如果是语音播报的话会涉及隐私的问题）
远程协助	可用性：最好让协助者看到用户的场景，直接在地图上绘制路线并传输过来，网速是一大制约因素； 实用性：部分受访者表示实景导航用处不大，3D 地图显示已经足够； 可行性：极小部分受访者怀疑这种功能不能实现
行车漂流瓶	实用性：一般无聊时才会用漂流瓶，所以只在堵车或等人时才会使用； 可信度：可以有条件搭配，有选择性，希望可信度比较高
通讯录匹配	隐私问题：可以知道通讯录中的好友在哪里，会涉及个人隐私
语音日程	优点：方便、实用 缺点：担心会分散注意力，影响行车安全
K 歌达人	可视性：车载的界面一般较小，歌词显示成问题； 实用性：觉得没有必要，只是在开车无聊时才会使用； 安全性：开车时 K 歌会影响行车安全
车载会议	安全性：影响行车安全，最好在停车时使用； 必要性：大部分人表示估计没有需求，因为没有必要，小部分人表示有用。 采访对象的主体为学生和企业职员这一因素也有可能是影响因素。而实际上，采访过程中部分对象表示，若此功能是在停车之后才可以启动，他们也愿意尝试

CHAPTER 03 用户研究与任务分析（User Research & Task Analysis）

与传统设计学科主要关注产品的形式和外观不同，交互设计首先关注的是对行为方式的定义，然后会关注描述传达这种行为的最有效形式。作为交互设计师，要想了解用户使用产品时的行为特点及习惯，仅靠想是不行的，我们需要走出工作室，直接或间接、正面或侧面地与用户进行广泛的接触，倾听用户的心声，探知用户的需求。用户调查和用户建模是这项工作的两个组成部分，交互设计师参与用户研究，能够比心理专家、调研专家更加准确地获取重要的用户信息，明确对设计方案可能造成影响的信息，从而反映到用户模型中。

本章将介绍交互设计中用户研究与任务分析的相关方法，包括神秘顾客、用户心理建模、人物角色、民族志、用户深度访谈、专家访谈、五个为什么、层次任务分析等方法，运用好这些方法可以帮助交互设计师更加准确地了解用户主体，了解用户对产品的需求、习惯等内容。

3.1 商业

在用户研究与任务分析阶段主要针对产品的顾客或者使用者展开调研。一般来说，目标用户指的是使用者，他们是真正接触并与产品发生交互行为的人，他们的需求和意见在很大程度上会影响到产品的最终设计。顾客可能是产品的购买者或者拥有者，他们虽然可能不直接与产品接触，但他们在所在行业的知识储备及运营经验能为我们的设计提供帮助和指导。

3.1.1 神秘顾客（Mystery Customer）

神秘顾客是由经过严格培训的调查员，在规定或体验指定的时间里扮演顾客，对事先设计的一系列问题逐一进行评估或评定的一种调查方式。神秘顾客能够将委托方服务终端的真实现状反馈出来。神秘顾客研究产品和品牌的价值，提升各网点商业流程运作的规范性，最终达到增强客户市场竞争力的目的。神秘顾客的方法也经常运用在设计师对设计产品缺乏了解的前期阶段，由服务人员在某种程度上扮演着"产品专家"的角色，通过询问，可以加深设计师对该行业的了解，包括功能、价格、方式、趋势等，并了解目前消费者普遍关心的问题、重视的功能及最常使用的功能。

使用神秘顾客方法的优点主要包括以下三方面。

（1）使商业流程运作更为规范。使用神秘顾客方法有利于收集商品、服务质量和顾客满意度等方面的第一手反馈信息；易于发现产品运作中的缺陷，进一步完善产品；便于监测设备使用情况，及时进行设备维护；便于分析客户与竞争对手各项指标的优劣势。

（2）可提高顾客满意度和忠诚度，增加顾客重复购买率。神秘顾客方法可用于监测和衡量销售服务的表现，提高顾客忠诚度；通过暗访调研确保顾客与前线员工的关系，保证产品、服务传递的质量。

（3）可提升产品和品牌的价值，促进产品销量增长。通过神秘顾客的调研可补充市场调研的数据，还可收集竞争对手数据，整体分析市场的竞争环境。

 案例

2012 年的车载社交项目通过调查以广州地区为主的智能手机使用人群的使用习惯及偏好，探索智能手机应用程序在车载导航终端平台上的可行性及优化设计。项目组为了对事先设计的一系列问题逐一进行评估和调查，扮演神秘顾客，在广州汽车用品商店最密集的地段进行车载导航终端的调研，如图 3-1 所示。由于现场销售人员在某种程度上扮演着"产品专家"的角色，因此可向他们询问，加深对该行业的了解，包括功能、价格、方式、趋势等，并了解目前消费者普遍关心的问题、看重的功能、最经常使用的功能。本次调研主要涉及飞歌汽车导航、E 路航、欧华导航、畅安 S、现代导航等当今主流导航的门店。

图 3-1　项目组成员扮演神秘顾客进行调研

调研总结如下：

根据销售人员反馈，用户最常用到的功能为导航→收音机→媒体播放盘；

少有能联网的车载系统，能联网的导航价位普遍较高，且反响不好；联网主要通过 3G 上网卡，但联网是趋势；

很少有可以语音控制的车载系统，但也是未来的方向；

目前市场上绝大多数的车载系统还体现不出"智能"二字，体验不佳，如最基本的滑动功能，使用时也不顺畅，常出现电子屏触摸不灵敏等问题；

目前车载系统的地图厂商主要使用凯立德或者道道通，正版地图更新需付费，一般在 200 元左右，一年更新一次；

车载嵌镶式导航相比便携式导航多出的功能仅是蓝牙通话、影碟播放、倒车视频等，没有创新的功能。便携式导航一般都有 Wi-Fi 功能。

3.1.2　用户心理建模（User Psychological Modeling）

用户心理建模用于描述用户交互行为过程、认知过程及所需要的系统条件。心理认知包括感知、思维、动机、态度等，每个因素都可能影响到用户任务的完成过程。

活动理论（Activity Theory，AT）可以帮助我们更好地分析用户的心理。活动理论起源于二十世纪二三十年代苏联心理学大师维果斯基的"文化—历史心理学"思想，他的追随者列昂节夫以此为基础提出了活动的概念和活动的层次模型。文化—历史心理学的核心思想是人的内部思维由外部实践活动转化而来，所以内部思维活动与外部实践活动具有相同的结构，因而可以通过研究人的活动来研究人的心理。

一个活动理论模型包括以下几个元素：主体（活动的执行者）、客体（被操作的对象，指引活动方向）、结果、工具（客体转换过程中使用的心理或物理媒介）、规则（对活动进行约束的规则、法律等）、共同体（由若干个体或小组组成，对客体进行分享）、分工（共同体成员横向的任务分配和纵向的权力地位分配）。此外，元素可以组成四组"子活动三角"，反映一个产品或系统的不同层面。

📖 案例

在 *Integrating Activity Theory for Context Analysis on Large Display* 论文中，作者主要研究在大屏幕显示环境下的情景，借助活动理论模型的四组"子活动三角"，探究系统中用户的行为，如图 3-2 所示。

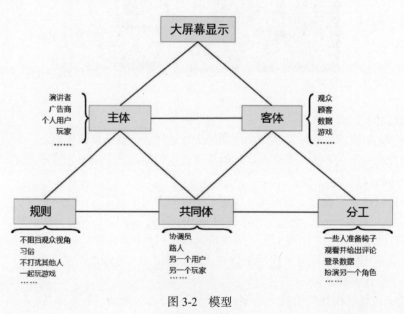

图 3-2　模型

3.1.3　人物角色（Personas）

　　人物角色方法根据用户的目标及特征建立描述模型，涵盖目标用户的外观、行为特点、使用动机、期望、体验目标等内容。人物角色是在大量调研的基础上经过处理的、真实有效的内容。一般情况下我们会建立 4 ～ 6 个用户角色，甚至更多，并根据需求的优先级将其分为首要人物角色、次要人物角色、补充人物角色等。如果不能得到与所观察到的用户行为一一对应的直接描述，那么给角色添加特征就是不必要的，甚至是错误的，会导致不正确的设计决定。运用人物角色方法能够帮助我们探索不同的使用方式及其对设计的影响。

　　人物角色方法的优点主要有：

　　（1）创建角色比较迅速、容易；

　　（2）为所有团队成员提供一致的模型；

　　（3）很容易与其他设计方法结合使用；

　　（4）使设计师的设计更符合用户的需求。

　　人物角色方法的缺点为：可能会有过多人物角色，使设计比较困难；人物角色创建中加入设计师个人无根据的假想，可能会出现问题。

　　Alan Cooper 的"七步人物角色法"描述了创建人物角色的步骤，即：界定用户行为变量、将访谈主题映射至行为变量、界定重要的行为模式、展开叙述、检查完整性、综合特征和相关目标、指定人物角色类型。在进行角色定义时，我们一般关注以下几个人物角色基本要素：头像、基本信息、与产品相关的计算机背景或生活方式、与产品相关的行为习惯、用户目标、困难，如图 3-3 所示。可根据实际情况适当增加或扩充基本要素。

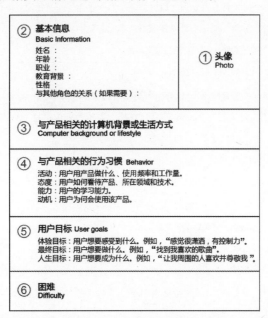

图 3-3　人物角色基本要素

案例

　　根据 2008 年智能家居设计项目前期的用户调研，总结得出项目的主要用户分为商务人士、家庭主妇及老年人。表 3-1 分析的是一个家庭男主人人物角色，从其生活方式、常用媒体、户外方面描述用户与智能家居相关的行为习惯，并进一步将用户行为转化为设计点和产品定位。

表 3-1　家庭男主人人物角色

姓名（Name）：丁绍刚

性别（Sex）：男

职务（Position）：AC 电子商务集团　经理

年龄（Age）：38 岁

背景（Background）：华南理工大学电子信息技术本科毕业　英国巴斯大学经济学硕士

性格（Character）：严谨果断，习惯于严密的逻辑思维分析方法

生活方式——关键词：应酬、出差

他和妻子、5 岁的女儿居住在东莞近郊，距离上班的地点 45 分钟～1 小时车程。

在工作日（周一到周五），他通常只在家里吃早餐，每天忙于应酬商业客户，出没于高级饭店和五星级酒店，午餐和晚餐通常在这些场所解决。他频繁地需要到外地出差，参加行业会议或一些商业上的洽谈，时间不定。

他会有意识地追求健康的生活习惯，但是经常需要应酬，不能避免烟、酒。

他有轻度失眠的困扰，主要源于紧张工作带来的焦虑情绪。

常用媒体——关键词：广播、网络、报纸杂志、DM 杂志

他习惯在开车途中收听广播，主要是收听天气、交通信息和社会新闻。

他几乎每天都会使用网络，主要是收发 E-mail（高频出现）、阅读行业内信息和查询各类型信息。他熟悉博客、搜索引擎、网站。他会在家里和公司上网。

他会在早上阅读报纸，晚上阅读杂志。

他经常阅读 DM 杂志，而阅读 DM 杂志的场所可能是自己家里，也可能是单位、咖啡厅、餐馆。

户外——关键词：咖啡厅、茶馆、健身、旅游

他经常在咖啡厅或者茶馆约见商业伙伴或朋友。

在周末空闲时间里，他偶尔会去健身房健身或打网球、高尔夫球，大部分是出于一种社交目的。

每年他都会和家人定期外出旅游度假。中国香港是他们一家人旅游的首选地，其次是中国澳门及新加坡、泰国、法国，再次是澳大利亚、韩国、马来西亚、马尔代夫和日本。他们会越来越倾向于国外旅游。在空余时间，他会和家人、邻居、朋友进行一次近郊自驾游。

3.2 信息

　　用户研究与任务分析阶段的信息主要来自用户，无论是通过访谈、问卷调查还是其他的形式，我们都能采集到很多来自用户的信息。用户的需求通常很多且繁杂，作为专业人士，我们在收集用户需求后，需要做好信息过滤与整理的工作，梳理出优先级最高的、实现意义最大的用户需求点。

3.2.1 民族志（Ethnography）

　　民族志是文化人类学特有的一种研究方法，是一种在自然生活环境中研究用户的系统方法。通过描述一个种族或群体的文化和生活，发掘该种族、群体及其成员的行为模式等问题，真实地反映在自然状态下，该群体成员的文化习俗和生活方式。在设计中，运用民族志方法长期观察用户的行为及生活习惯，能够帮助设计师发现用户潜在的需求。

　　民族志与自然观察不同，民族志需要设计师像人类学家一样，深入用户，与用户一同生活一段时间，记录用户的生活习惯和行为特征。如果没有长期观察用户的条件，设计师会使用一些记录工具，如摄像机、一次性照相机、日记本等，并请用户自己记录下生活的细节，打包交给设计师。

📖 案例

　　在2014年的汽车安全驾驶研究项目中，为了验证在前期调研阶段总结的安全驾驶问题的重要性和需求的普遍性，项目组使用民族志方法进行了一系列长时间的驾驶员驾驶观察，用视频和访谈的形式记录驾驶员在驾驶过程中的行为和驾驶习惯。

3.2.2 用户深度访谈（User In-depth Interview）

　　用户深度访谈指访谈者与典型用户进行直接的、一对一的访谈。访谈问题比一般访谈更为深入细致，以挖掘用户对某一问题的潜在想法、动机及态度。用户深度访谈通常要持续半小时以上，所以舒适的访谈环境、访谈人员的话语态度及茶水零食供给都是必不可少的要素。在访谈过程中，访谈者根据想要了解的内容将问题分成不同的类别，从简单到复杂、从基本感知到使用体验和改进建议，逐步发问。访谈者主要根据访谈提纲提问，现场可以根据用户的回答拓展问题，从而获得更多的信息，有些问题可能是访谈者事先遗漏的重要问题。

　　在用户深度访谈结束后，不要忘记感谢用户的支持并赠送一些小礼物或给予报酬。用户深度访谈属于定性研究的方法。用户深度访谈的优点主要有：可更深入地探索用户的内心思想与看法；可将身体语言与用户直接联系起来；信息交换更自由。用户深度访谈的缺点主要有：能够做深层访谈的、有技巧的访谈者（一般是专家，需要具备心理学或精神分析学的知识）邀请费昂贵，也难以找到；调查的无结构性使得结果容易受到访谈者自身的影响，其结果质量的完整性也依赖于访谈者的访谈技巧；结果数据常常难以分析和解释，分析占用的时间和所花费的经费较多。

📖 **案例**

2012 年商务随行 App 优化项目中的 App 主要用于营业员购买公司对外销售的商品。已有 App 的购买流程与网页版基本保持一致，但在移动设计和使用场景角度使用冗余。项目组对购买流程进行简化后，进行了原型的可用性测试，并在结束后进行了一次用户深度访谈，以获得更多用户态度，以及对优化版本的意见、建议。

访谈对象：6 位营销人员。

访谈结果分析：用户深度访谈问题整理与分析见表 3-2。

表 3-2　用户深度访谈问题整理与分析

问题	期望了解的内容	结果及相应比例	结论及相关建议
（1）请问您使用过商务随行 App 吗？您主要用它来做些什么呢？您周围使用的人多吗（有没有购物的经历）？他们一般用来干什么呢？您一般在什么情况下会使用商务随行 App 来购物呢？	在何地、何情境下会使用商务随行 App 进行下单	计划或现在已经有智能机的情况：6/6 用过商务随行 App 的与没有用过商务随行 App 的比例：5/6 用商务随行 App 查业绩：3/6；看公告：1/6；浏览产品信息：3/6；向顾客介绍：1/6 周围人使用商务随行 App 情况：少，5/6；多，1/6 周围人使用商务随行 App 查业绩：3/6；看产品：1/6；基本都说很少购物	访谈用户为目标用户，在线购物功能吸引力有待提高
（2）是否在网上下单，为什么？	用户使用线上下单方式的动机	用过互联网购物的比例：6/6 使用原因为偏远地方送货更快捷：1/6；家居送货方便，月末赶业绩方便：1/6；送货方便：1/6；物品太重时送货方便，2000 元门槛很低：1/6（共 4 人提到送货方式）	便利性与地理因素决定用户的购买方式
（3）在用户未下订单的情况下，会不会自己先买好一些产品以便随时提供货品呢？一般是根据以往用户购买情况，还是产品热销程度或其他情况决定呢？	用户使用商务随行 App 下单的时间点	会提前存货的比例：6/6 理由：存够 2000 元一起买，1/6；用户需要，5/6	用户一般会根据需求不定时地补充储备产品
（4）下单次数多不多？每个月什么时候下单多？一般每单中有多少样货物？购买产品时您最关心什么（总价、净营业额、积分等）？	用户一般的下单量及对操作过程的影响	下单频率：不固定，4/6；2 ~ 3 次每月，1/6；不超过 5 次，1/6 单笔订单货物数量（1 人提及）：2 ~ 3 箱 单笔订单金额（2 人提及）：2000 ~ 4000 元 / 笔，1/6；最多时 20000 元 / 笔，1/6 关心的采购因素：不关心，1/6；销售指数与业绩比例，2/6；是否满足用户需求，1/6；净营业额，2/6；总价，2/6	用户下单量大，且较为关心产品销售指数

（续表）

问题	期望了解的内容	结果及相应比例	结论及相关建议
（5）一般下单购买的产品是否有规律性？重复购买一类产品的情况多吗？	用户下单的产品类型	会重新下单的比例：6/6 会重新下单的理由：商品受欢迎，6/6	优化时应添加并完善"重新下单"功能
（6）您在使用商务随行 App 购物时，有没有遇到过在最后下单时发现没库存的情况呢？这种情况多吗？您遇到这种情况一般是怎么解决的？在下单时，有没有习惯使用商务随行 App 中"检库存"按钮，查看一下库存再下单？	库存量功能对于用户来说的重要性如何	遇到无库存的情况比例（共 5 人回答）：4/5 没有遇到：1/5	库存是用户购物中的重要关注点，优化时应完善检库存功能

3.2.3 专家访谈（Expert Interview）

专家访谈通过对某领域的专家进行访谈，收集有代表性的、经验丰富的专家型用户意见和想法，在短时间内了解将要进行设计的新领域，同时，这些意见和想法可作为改进或者创新的参考依据。

专家应具有以下特征：第一，专家一般应有 10 年以上的专业经验，在某个产品领域具有代表性，熟悉产品各种功能，能够全面熟练且采用高效方法完成各种任务；第二，专家应具有计算机和任务相关的全局性知识，了解行业情况，了解产品的发展历史，能够评价和检验产品；第三，专家不仅熟悉一种产品，而且了解同类产品，能够对产品进行横向比较，分析特长、缺点等情况；第四，专家具有某些操作经验，有创新能力，考虑过如何改进设计。

专家访谈的主要目的有两点：一是使设计师能够尽快了解该行业全局情况、发展情况，了解用户需要，了解该产品的研发过程、设计过程和制造方面的情况及问题（例如，如何入门，如何做事情，经验性的判断和结论，这个做法是否可行，大概会出现什么问题，有几分把握）；二是专家有丰富经验，具备可用性方面的系统经验。

使用专家访谈方法，当以创新产品为最终目的时，多采用面对面访谈的方式，以开放性问题为主；当以改进产品为最终目的时，多采用度量问卷的方式，由专家评价和检验。

专家访谈流程如图 3-4 所示，具体操作可根据实际情况进行调整。

图 3-4 专家访谈流程

案例

案例来自 UxLab 2014 年基于 Zspace 平台的虚拟航天培训系统设计项目。该系统的使用者是流水线装配工人，项目组希望通过访谈航天专家关于航天培训行业和装配工人的专业知识及看法，了解系统用户的现有需求、潜在需求及行业前景。表 3-3 为问题清单，可通过需求因素的分级确定专家访谈的问题。

表 3-3　问题清单

一级因素	二级因素	问题
全局性	行业	（1）军工制造业的发展历史如何（重点：如何从工程图模型转化为实体工业产品）？
		（2）在什么阶段需要此类软件 / 工具的辅助？
		（3）会使用哪些软件 / 工具来研究飞船的构造？它们有哪些不足之处？
	用户	（4）软件 / 工具最主要的使用人群有哪些？
		（5）他们使用这款软件 / 工具的目的是什么？
		（6）他们使用这款软件 / 工具想要完成什么任务？想要了解哪些信息？
评价性	功能	（7）您使用过的软件 / 工具会提供哪些功能？
		（8）现有的这些功能能够满足您或主要使用人群的需要吗？
		（9）哪些功能您认为基本用不上或根本不需要？另外还缺少哪些必要的或需要的功能？
		（10）功能组合是否符合任务链？
	界面	（11）在您使用过的软件 / 工具中，有没有哪一款的界面使您印象深刻？请大致描述（界面上都有哪些元素）。
	交互	（12）在您使用过的软件 / 工具中，一般的操作是怎么样的？
		（13）在您使用过的软件 / 工具中，导航的菜单结构一般是怎么样的？应该细分到什么程度？
		（14）在您使用过的软件 / 工具中，一般使用哪些反馈方式引导用户的使用（语音、颜色、弹窗等）？
预测性	功能	（15）"虚拟全息 3D"的显示方式对于用户目标会产生哪些辅助作用？
		（16）您认为用户对这种解决方案的期待是什么？
		（17）除了显示模型的结构及部件，您认为用户还需要哪些功能（如自定义组装、剖面图等）？
	界面	（18）用户希望在什么位置显示意图引导（如按键上、按键旁、屏幕上部、屏幕下部等）？
		（19）某个部件的信息是否需要实时显示？
		（20）用颜色区分不同结构的部件，是否必要？

3.2.4　五个为什么（the Five Whys）

在与用户对话的过程中，针对问题连续问"五个为什么"，可以很好地引导用户探究和解释他们的行为或态度的深层原因。这里的"五"并不是指提问五次，而是反复提问，直到找出根本原因。这种方法用于探究造成特定问题的因果关系，其最终的目的在于确定特定缺陷或问题的根本原因。

在运用"五个为什么"方法时要注意以下几点。

用户研究与任务分析（User Research & Task Analysis）

（1）不一定要准确地问完五个为什么，如果在提问第三个或第四个问题时获得的答案已经是根本原因，那么就不需要继续提问了；如果问完五个为什么还没有得到答案，那么还可以继续提问。

（2）"五个为什么"方法可以多人同时参与。比起一个人提问，多个人一起参与可能得到更多创意性答案，而且在答案较多、存在分歧时，小组更能把握项目设计的目的。在确定答案是否是根本原因时，小组的决定会更加可靠。

（3）使用"五个为什么"方法有一个缺点，即得到的答案并不一定是科学的，只是根据个人的观点和看法得到的答案。我们如果要确定分析的结果是否准确，还可以借助其他的方法。

（4）当访谈者无法回答某个问题时，可寻找另一个了解的人回答。

案例

在设计某家纺品牌的网站时，为了确定网站的导航方式，项目组使用"五个为什么"方法，探究用户选择商品背后深层次的购买动机。图 3-5 为"五个为什么"思维流程，我们可以发现该用户在购买家居用品时，首先考虑的，也是最重要的因素是为谁而买，这一需求点应该在后续的功能设计中有所体现。

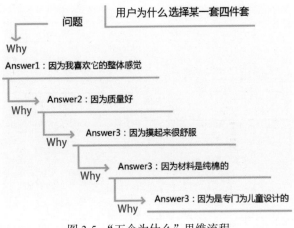

图 3-5　"五个为什么"思维流程

3.2.5　层次任务分析（Hierarchical Task Analysis）

层次任务分析是自顶向下的任务分析方法，从一个具体的目标开始，然后添加完成这个目标需要的任务或子目标，建立包含各种步骤的任务流程图。层次任务分析流程图如图 3-6 所示。

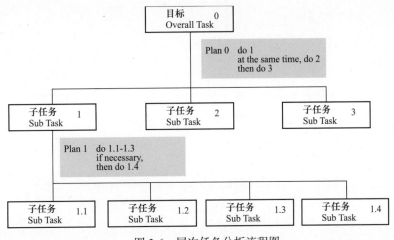

图 3-6　层次任务分析流程图

一个任务在另一个任务之上，描述了我们要做什么；一个任务在另一个任务之下，描述了我们如何去做；计划控制子目标之间的流动。

案例

如图 3-7 所示，上班路上听音乐的层次任务分析可以分解为 6 个子任务，第 4 个子任务又可以分解为 7 个子任务。通过分解，我们可以看到用户听音乐的任务流程，便于从中挖掘需求的痛点。

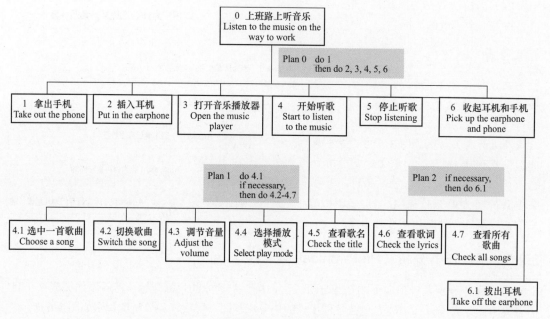

图 3-7　上班路上听音乐的层次任务分析

3.3　设计

用户研究与任务分析阶段的设计主要是设计一些应用场景或者使用环境，在其中收集用户的行为及习惯，在设计实现之前了解更多用户关于产品的想法。

3.3.1　自然观察法（Natural Observation）

自然观察法，又称影随法。使用自然观察法时，研究人员在征得用户同意后，在用户日常工作生活中会像影子一样跟随他们一段时间，记录他们日常生活中的常规事务、互动和背景。持续的时长可以是一小时，也可以是一整天，视研究目标和产品的复杂度而定。通过使用自然观察法可以发现和了解用户的日常生活，探索设计机会，展示产品如何影响用户的行为。

由于是在真实的用户环境中观察，因此观察获得的数据可能更加可信。

使用自然观察法应注意如下几点。

（1）不要打断或者影响用户的行为。

（2）记录用户最自然的与产品交互的行为。

（3）深入理解用户行为并挖掘背后的动机。

自然观察法流程如下。

（1）准备好核心问题。确定好核心问题有助于研究人员将注意力集中在有价值的观察问题上，防止研究人员同等对待每个观察问题。

（2）选择研究对象，确定观察时间。如果观察时间较长，则可能会涉及用户的隐私问题。因此在进行观察前，需要留出时间与用户讨论隐私问题并处理其他相关事宜。

（3）开始进行自然观察。观察的时长可以是一小时，也可以是一整天。在进行观察的同时，做好记录，可以通过拍照、录音、摄像、书写等形式记录。需要注意的是，在记录时，不能影响研究人员和参与者之间的关系及参与者的行为。记录的内容一般可以从活动、环境、互动、物件和用户等方面考虑。

（4）及时总结观察结果。若在进行几轮观察后才进行总结，则容易混淆观察到的内容，所以高效的方法是，在观察完每个参与者之后，安排出 15 分钟总结他们所了解到的内容。

案例

案例来自论文《休闲运动的移动社交行为研究与设计》，作者在设计休闲运动的移动社交应用之前，为了更加深入地了解运动者的行为，选出具有代表性的用户进行观察，观察用户在运动过程中与社交相关的行为。表 3-4 为进行自然观察法之前列出的观察重点，图 3-8 为观察总结。

表 3-4 观察重点

观察重点	详情
地点	观察运动地点 观察是否有休息点
设备	观察用户拿了什么设备 用户如何使用该设备（如怎样装备或者怎样拿着） 观察用户在拿着设备时是否改变了动作
交流	用户在运动时与别人交流的时间 如何交流（电话、短信、直接交谈） 怎么和其他陌生人交流
动作	运动前做什么 运动后做什么 是否有不可预测的行为

图 3-8 观察总结

3.3.2 体验测试（Experience Test）

体验测试用于测试一个服务是如何被用户体验的，观察用户的体验过程，并在之后对其进行访谈。体验测试可用于设计的不同阶段，通过对设计环境中设计条件的模拟，对设计概念或细节进行测试。

体验测试包括如下要点。

（1）观察用户的行为。

（2）记录他们的想法和感受。

（3）在尽可能接近真实服务环境的场景里体验，或者就在真实环境中完成体验。

体验测试流程如下。

第一阶段：测试前的准备。

（1）编写测试脚本。测试脚本主要是指用户测试的提纲。编写测试脚本最基本的内容是制定测试任务。任务的制定一般由简至难，或者根据场景来制定。

（2）用户招募和体验室的预定。用户是必不可少的，进行一场体验测试一般需要 6～8人，根据具体情况可以酌情增减。测试要选择目标用户，也就是产品的最终使用者或者是潜在使用者。目标用户的年龄要符合产品的目标年龄层，男女比例要符合产品目标用户比例，并且包含将来会使用或者是很可能使用该产品的目标用户。

第二阶段：进行测试。

测试时需要 1 名主持人主持测试，1～2 名观察人员在观察间进行观察记录。测试过程需要录音、录屏，以备后期分析。测试时，尽量不对用户进行太多的引导，以免影响测试效果。具体内容如下。

（1）向用户介绍测试目的、测试时间、测试流程及测试规则。

（2）用户签署保密协议并填写用户基本信息表。

（3）用户执行任务：给用户营造一种氛围，让用户假定在真实的环境下使用产品，并让用户在执行任务的过程中，尽可能地边做边说出自己操作时的想法和感受。

（4）用户反馈收集。基于用户执行过程中的疑惑进行用户访谈，收集原因。

（5）致谢。

第三阶段：测试后总结。

测试后需要进行测试报告的撰写并开会将测试结果与相关人员进行分享。

主持人与观察人员要进行即时的沟通，确定致命的可用性问题与一般的可用性问题，并汇总简要的测试报告，以抛出问题为主，不做过多的建议。报告确认后，召开会议，将测试结果与产品经理、交互设计师、页面制作人员、开发人员、测试人员进行分享。确定在产品发布前需要进行优化的具体问题，并将对应的问题分类，确定解决问题的关键人员。

案例

案例来自 2012 年的某会议系统设计项目。项目组为了深入了解本地会议和远程会议的使用场景特点及用户使用流程，进行了多次模拟场景的体验测试。本次测试在完成概念设计之前进行，使用最简易的材料——纸上原型，旨在快速模拟使用场景。图 3-9 为体验测试材料的准备，即制作纸上原型素材。然后按原型交互逻辑在白板上梳理测试任务流程，如图 3-10 所示。图 3-11 为纸上原型体验测试现场。

图 3-9　体验测试材料的准备　　　　　　　图 3-10　梳理测试任务流程

图 3-11　纸上原型体验测试现场

3.3.3 故事板（Story Board）

故事板方法起源于动画行业。早在 20 世纪 20 年代，迪士尼的动画工作室就常用这种方法来勾勒故事草图，这种草图称为电影草图。电影和动画工作者在拍摄之前，可根据电影草图安排剧情中的重要画面和镜头，初步构建出想要展示的艺术世界。故事板的作用在于展示不同镜头之间的关系，以及它们是如何串联起来的。今天，故事板广泛用于动漫、电影、电视剧、广告、MTV 等的制作中，是控制情节、美术、摄影、布景和场面调度等方面的重要辅助手段。

故事板具有强大的信息传递能力，它能够从可视化、记忆性、同理心和参与性四方面提高受众对信息的接收和理解效率。

对于交互设计来说，故事板也非常有用。产品的使用场景、用户的交互流程、用户的使用习惯等重要因素，都可以借助一系列的故事板呈现出来，直观地探索和预测用户对于产品的体验。而且与大部分设计方法相比，故事板成本低廉，容易迭代和完善。

有些人可能会担心自己没有强大的手绘能力，无法驾驭故事板的创作。其实，故事板对于手绘能力的要求并不高，只要能够表达出必需的内容即可。

那么，对于故事板来说，什么是必需的内容呢？可以用一句话来总结：什么人在什么环境下做什么事情。其可以归结为三个要素：人物角色、场景和情节。

人物角色指的是根据用户的目标及特征等建立起来的描述模型；场景指的是人物角色所处的环境；情节是故事板的主题，指的是人物角色在场景中所发生的故事。在设计实践中，需要重视上下文环境、使用场景和基础设定与流程，不应该跳过它们直接进行细节设计。作为故事板中的一个重要因素，情节应该具备完整的基础架构、设定和剧情，有起因、经过和结果。在故事板中，应该给人物角色设定一个目标，有触发事件的条件，并执行和完成最终任务或阶段性任务，为角色留下新的问题。

在设计故事板时，需要注意以下三点。

首先，故事板要真实。人物角色、场景和情节都要尽量贴近真实的生活，这样才能够让用户和设计团队的其他人员感同身受。

其次，故事板要简单。不必要的人物角色、场景和情节无须出现，故事板中只需要呈现与核心内容相关的事项。

最后，故事板需要呈现情感内容，这样才能让用户和设计团队最大程度地投入故事板。

案例

在 2017 年的共享汽车服务设计研究项目中，就采用了故事板的设计方法。研究项目的目的是对未来共享汽车出行方式进行前瞻性的思考，了解未来出行方式乃至生活方式的变化。技术的变革将给共享汽车服务的商业模式、运营模式等带来颠覆性的变化。

基于前期的调研和分析结果，研究小组形成了初步的设计成果，即自动驾驶条件下的共享出行方案，并需要对此进行体验测试。但是设计成果具有一定的探索性和前瞻性，部分用户可能无法理解，这将对测试结果产生负面的影响。为了最大程度地让用户了解设计成果的使用背景，我们设计了共享出行故事板，如图 3-12 所示，并在测试时向用户展示，提高信息的传递和理解效率。

图 3-12　共享出行故事板

3.3.4　焦点小组（Focus Group）

　　焦点小组方法指由一个有经验的主持人召集若干用户、领域专家、业余爱好者等能够从不同角度探究产品的人员，就某些问题进行讨论，主持人要组织和引导整个讨论流程，并保证所有重要问题均涉及，避免离题。焦点小组可以细分成焦点小组和非焦点小组。二者的区别在于是否事先限定讨论的主题，即非焦点小组不限制讨论的问题清单，其余流程与焦点小组一致。讨论会议以视频或音频的方式记录下来。通过讨论，研究人员可以获知用户的看法与评价，为以后的设计提供思路。焦点小组属于定性研究的方法，其工作流程如图 3-13 所示。

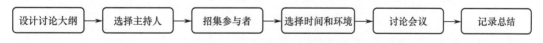

图 3-13　焦点小组工作流程

焦点小组的优点：一是花费相对少且容易成立；二是可以在设计的早期确认系统的特征及优先级；三是能够帮助设计人员洞悉人们的想法和动机。焦点小组的缺点：一是结论只代表这个具体小组的观点；二是没有统计上的意义；三是没有提供可用性信息。

使用焦点小组需注意以下几点。

（1）焦点小组不能为一个议题提供量的支持，但是它提供了很多定性的证据，而且能够帮助设计人员对后面的调查提出问题。

（2）焦点小组的人数最好在 6～10 人，持续时长最好在 60～90 分钟。

（3）焦点小组依赖一个有经验的主持人，需要提前写好主持人指南。

（4）如果可以的话，最好对焦点小组的工作过程进行录音或录像，从而进行定性的数据分析。

（5）经常会结合其他研究方法一起使用，如调查、访谈，但是，单独使用焦点小组方法也是可行的。

案例

案例来自 2014 年的虚拟培训系统项目。由于此系统的目标用户属于专业性很强的人品，因此在设计前期的需求分析阶段，为了快速有效地分析设计目标，项目组召集了专家及项目人员共同进行了一次焦点小组讨论，表 3-5 为焦点小组讨论提纲，图 3-14 为焦点小组现场，主持人正在描述设计目标。

时间：10:00～11:30
参与人员：全体
流程：观看视频→演示原型→主持人提出问题→讨论

表 3-5　焦点小组讨论提纲

一级因素	二级因素	问题
预测性	功能	（1）"虚拟全息 3D" 的显示方式，与之前使用的软件／工具相比，可能会对用户目标产生哪些辅助作用？可能会存在哪些缺点？
		（2）是否需要对某个零件的尺寸进行测量？
		（3）是否有必要显示部件索引目录及模型工程图？
		（4）除了显示模型的结构及部件，您认为用户还需要哪些功能？如自定义组装等。
		（5）通过自定义组装的测试模式能否有效检验用户对飞船结构的了解程度？录像功能是否必要？还缺少哪些必要的或者有需要的功能？
	界面	（6）用户希望在什么位置显示意图引导？如按键上、按键旁、屏幕上部、屏幕下部等。
		（7）某个部件的信息是否需要实时显示？
		（8）对不同结构的部件以颜色区分是否必要？
	交互	（9）用户希望对单个零件进行哪些操作？
		（10）用户在使用过程中可能会出现哪些错误情景（操作失误）？

图 3-14　焦点小组现场

3.4　综合案例：餐饮消费中的消费者互动行为研究

本案例节选自论文《基于微信社交平台的餐饮互动服务研究》。案例的设计目的在于探索基于微信实现商家与消费者、消费者与消费者之间互动的餐饮服务模式的研究价值。设计前期的用户研究工作主要从用户深度访谈、问卷调查等方面开展。用户深度访谈选择了 8 名具有代表性的用户，挖掘用户的餐饮互动行为和潜在需求；问卷调查针对用户使用微信的习惯和餐饮互动行为两点进行定量的调研，从调查数据中分析用户的行为特征和心理特征。

1．基于用户深度访谈的定性研究

1）用户深度访谈设计

根据微信用户群体的特点和餐饮消费习惯，本次用户深度访谈对象均具备以下特点：

（1）为 17 ~ 39 岁的中青年；

（2）高中及以上学历；

（3）月收入 3000 元以上，若为学生，则无此限制；

（4）经常进行餐饮消费（每周发生一次餐饮消费行为，食堂消费除外）；

（5）热衷于使用微信。

因此，本次访谈选取了 8 名访谈对象，其基本信息如表 3-6 所示。

表 3-6　基本信息

姓名	性别	年龄	学历	职业
艺铭	男	33 岁	本科	阿拉伯语翻译
Ljq	男	37 岁	本科	平面设计师

（续表）

姓名	性别	年龄	学历	职业
萧	女	26 岁	大专	会计
TOTO	女	25 岁	本科	银行柜员
Stary Lam	女	26 岁	硕士	证券公司法律顾问
Ljz	男	24 岁	硕士	学生
Lulu	女	22 岁	本科	学生
Suky	女	17 岁	高中	学生

访谈预期目标：了解消费者获取餐饮信息的方式及对不同渠道获取到的餐饮信息的态度；了解消费者是否愿意在餐饮消费过程中进行结伴消费；了解消费者在什么情况下需要结伴的餐饮消费；了解消费者是否愿意向好友分享自己喜欢的餐馆及其餐饮消费体验；了解消费者一般在什么情况下会产生与商家沟通的需要；了解消费者是否愿意接收餐饮信息推送及希望接收何种信息。访谈过程会要求消费者回忆平常餐饮消费的步骤、流程、困难及如何解决困难等一系列相关问题。用户深度访谈流程及核心问题如表 3-7 所示。

表 3-7　用户深度访谈流程及核心问题

流程	核心问题
餐饮消费的基本情况	餐饮消费的频率；进行餐饮消费的原因；一般进行餐饮消费的流程；餐饮消费的体验
描述最近一次餐饮消费过程	谈谈他们最近一次餐饮消费的经历，描述自己发生餐饮消费需求的情境及原因、中间决策与用餐过程，以及后期相关行为，并谈谈整个餐饮消费过程的体验；让消费者谈谈线上餐饮消费与传统餐饮消费的差异；鼓励消费者讲故事
在餐饮消费过程中的互动行为	消费者如何获得与餐饮相关的信息；消费者对现有餐饮类应用中关于餐馆或菜品的消费者评价的看法；消费者在餐饮消费时是否向好友咨询、在什么情况下会咨询；消费者在什么情况下需要邀请好友一起完成餐饮消费、如何邀请；消费者如何与好友进行沟通交流、交流的内容包括哪些方面；最后如何进行餐饮消费决策；餐饮消费效率如何
餐饮类应用的使用情况	用过哪些餐饮类应用；使用这些应用的哪些功能；使用的感受如何；希望还能获得什么功能或体验

2）用户深度访谈结果分析

在用户深度访谈完成后，根据受访者的实际经验描述，得到具有参考价值的消费者餐饮消费行为习惯，结果整理如下。

用户研究与任务分析（User Research & Task Analysis）

（1）餐饮消费基本流程。

消费者进行餐饮消费的方式主要分为线上支付、线下消费与传统线下消费。

线上支付、线下消费的过程大体包括：大众点评、团购网站搜索餐馆→浏览评分、价格等餐馆信息→选择符合条件的餐馆→在线购买→获取电子凭证→预约订座→到店→验证电子凭证→等座→就座→等餐→用餐→离开→点评与分享。

传统线下消费的过程大体包括：大众点评、团购网站搜索餐馆→浏览评分、价格等餐馆信息→选择符合条件的餐馆/亲友推荐餐馆→电话或网上订座→到店→等座→就座→点餐→等餐→用餐→支付→离开。

（2）餐饮消费的信息获取行为。

通过用户深度访谈发现，受访者对不同渠道获得的餐饮信息的态度差异明显。对于好友分享或推荐的信息，大多受访者表示较感兴趣，愿意尝试，若好友有亲身消费体验，则可信度更高。而对于点评网站上看到的信息，会在参考价格、环境、地理位置、服务质量、优惠活动等多方面信息后再做出消费决策。对于通过传单等广告获得的餐饮信息，普遍持观望或不太信任，甚至直接忽略的态度。

除了被动的信息接收，消费者还会主动地进行信息获取。受访者普遍表示，咨询好友和通过点评网站搜索是最主要的信息获取方式。咨询好友一般发生在消费者通过各种渠道了解到好友有相关经验（如曾去某家餐馆消费）的基础上，当消费者需要产生相关消费时，会先去咨询好友的意见，尤其当该好友被认为是"美食家"时，其所提供的意见往往会被采纳。

可见，信息获取渠道对人们的餐饮决策有着重要影响，强关系社交圈的可信度被认为更高，其所提供的意见也更容易被采纳。

首先，在信息的内容方面，餐馆菜式、地理位置、优惠活动是人们最关心的内容。其次，餐馆客流量、价格、环境、服务、能否预约订座、上菜速度等，也是影响消费者消费决策的重要方面。

（3）餐饮消费的结伴行为。

受访者表示，餐饮消费多发生在亲友聚餐、商务宴请、特殊节日、外出游玩、参加网上发起的同城活动等情况下，因此，多涉及数人或数十人的结伴行为。

在涉及 2 ～ 5 人的餐饮消费结伴行为中，消费者会先自行通过大众点评等网站进行挑选，选出几款后再与好友商量，很多时候与好友商量后就会进行购买。

目前，消费者主要使用 QQ 等即时聊天工具进行餐饮消费商讨。通过 QQ 发送商品链接，互相交流评论。消费者和同伴在 QQ 与网页间来回切换，采取一问一答方式进行交流，效率较低。

（4）餐饮消费的分享行为。

6 名受访者均有过餐饮消费分享行为，向熟人分享居多。多通过社交网络进以点对点或点对群（组）讨论的形式进行，其次是口头分享。分享的内容包括菜式、价格、地理位置、优惠信息、服务体验、美食图片等。

分享的动机包括："晒"生活、分享美食、抱怨糟糕的体验、获取分享奖励等。特别需要注意的是，受访者普遍表示，其常会抱怨糟糕的体验。受奖励刺激的分享，消费者往往不会对其进行详细介绍，表示会使用"赞一个""不错""还可以"等泛泛而谈的简单词句一带而过。当分享的内容被他人认可时，会有更多探寻和分享美食的动力。

（5）餐饮消费体验中的痛点。

在网络搜索选择餐馆的过程中，人们无法判断信息的真假，也很少能与餐馆直接沟通咨询，在消费决策环节常遭遇挫败感。

在前往餐馆的过程中，受访者十分渴求得到精确的导航信息，大多受访者表示曾耗费大量时间在寻觅餐馆上。

到店后排队等座也是受访者常遇到的问题，且往往不知道需要排多久才能安排到座位，受访者表示，这样的情况会严重影响心情。

点餐过程的选菜恐惧症和等餐过程中的漏单现象时有发生。

消费者期待与商家同等的沟通方式。而当前餐饮业消费者与商家之间大多仍停留在电话沟通的阶段，无论是预订餐桌、菜品还是外卖，一般都采用电话方式进行，占线无法接通或久拨无人应答、通话过程无记录等问题更是隔三差五出现，整个沟通过程效率低下，消费体验较差。

对于线上支付、线下消费的过程，大多需提前至少一天以上预约，到店时又需要通过电子凭证校验身份，而校验过程往往是通过短信验证码完成的，使得消费环节的线上部分涉及多种媒体，无法在同一平台上流畅地完成全部操作。

对于传统线下消费的过程，有受访者提出，支付时的会员卡制度有完善的空间，除了会员卡的使用方式可以更加灵活（当前多为持卡或提供会员卡关联手机号和姓名），会员卡更应使顾客感受到价格优惠之外的"会员"礼遇。

（6）餐饮类应用的使用情况。

受访者大多提到大众点评、美团等团购网站，以及边度、下厨房等以餐饮推荐为主要内容的微信公众账号，或是某些餐馆的微信公众账号。这些产品主要用于消费者的消费决策与购买过程，以信息获取为主，极少受访者表示会通过这些产品进行餐饮消费体验的分享。

2．基于问卷调查的定量研究

1）问卷调查设计

通过对 8 名受访者的访谈，得出餐饮消费中的互动行为及特点。为了更大范围地收集意见和统计实际情况，采用网络问卷调查的方法，进行统计分析。研究问题主要包括消费者餐饮消费互动行为特征和对微信应用于餐饮的态度。

问卷框架与具体问题如表 3-8 所示。

用户研究与任务分析（User Research & Task Analysis）

表 3-8　问卷框架与具体问题

框架	具体问题
人员基本信息	性别
	年龄
	受教育程度
	月收入
餐饮消费习惯	外出就餐的频率
	通常与哪些人一起进餐
	可以接受与哪些人一起进餐
餐饮消费前的决策过程	外出就餐的原因
	获取餐饮信息的渠道
	何种餐饮信息获取渠道的说服力更强
	好友的餐饮消费体验对消费者的影响程度
餐饮消费中的情况	餐饮消费看重的方面
	餐饮过程遇到过的问题
餐饮消费后的行为	分享意愿
	会与哪些人分享餐饮体验
	通过何种方式分享餐饮体验
	会分享哪些餐饮体验
	什么因素促使分享餐饮体验
微信使用情况	微信使用频率
	微信使用时间
	使用微信进行餐饮消费的接受程度

2）问卷调查结果分析

截至 2013 年 1 月 15 日，共收到有效问卷 213 份。受访者性别分布为男 72 份，女 141 份。超过 3/4 的受访者持大专及以上学历，属高学历人群。年龄大多分布在 18～39 岁，为中青年。月收入基本在 2000 元以上，过半受访者月收入超过 4000 元，近 1/4 受访者月收入达到 6000 元，收入水平较高。逾六成受访者每天使用微信，纵观以上特征，受访者基本符合设计目标用户的属性。

根据问卷调查数据，可得出以下结论。

（1）人们在餐饮消费过程中有明显的互动需求。消费者与消费者之间的互动需求主要表现为被动信息接收和主动咨询、结伴消费和体验分享。消费者与商家之间的互动需求主要表现为咨询、预订、问题反馈。

（2）人们常常从强关系社交圈的口口相传中获取餐饮信息，并认为其所提供的餐饮信息可信度最高。

（3）人们在消费决策前往往会主动咨询强关系社交圈中的人，尤其是那些有过亲身消费经验的人。与此相矛盾的是，人们往往对身边好友的餐饮消费经历并不了解，在需要进行咨询时难以找到合适的咨询对象。

（4）人们在进行餐饮消费决策时有通过网络搜索获取信息的习惯，但网络搜索获得的信息真假难辨，可信度较低。

（5）人们进行餐饮消费决策需要的信息包括菜品本身的情况、餐馆环境、服务质量、交通信息、优惠信息、客流量、品牌档次及过往消费者评价 / 评分。

（6）餐饮消费过程往往伴随着一种邀约、结伴的行为。

（7）人们有很强的餐饮消费体验分享意愿，分享对象以强关系社交圈为主，微信朋友圈是最重要的分享渠道，分享的动机表现为信息分享、记录生活、参与有奖活动及获取个人成就感。

3．餐饮互动服务的人物角色建模

通过用户研究工作，根据人们外出就餐的原因及就餐过程中看重的方面，可将本平台的用户分为两类：休闲娱乐型和解决温饱型。休闲娱乐型人物角色信息如表 3-9 所示，解决温饱型人物角色信息如表 3-10 所示。

表 3-9　休闲娱乐型人物角色信息

人物角色 A：休闲娱乐型用户		
基本信息	女，24 岁 设计艺术学在读研究生 性格外向，乐于表达观点 喜欢聚会活动，喜欢吃喝玩乐	萧欣
用户目标	"我需要发掘新的聚餐场所，还要征求好友意见才能做出决定，对每个消费过的餐馆，我都会认真地进行点评。"	
主要任务	邀请好友一起外出活动或聚餐 探索适合与好友共同前往的餐馆 分享餐饮消费体验	
日常行为描述	萧欣的社交活动频繁，几乎每周末都会约上三五好友一起出去游玩，一般都会中午一起聚餐，然后下午一起看电影或 K 歌，晚上再一起用餐后结束聚会活动。 她经常浏览大众点评，看到评价好，且猜测好友也会感兴趣的餐馆时，就会通过 QQ 推荐给好友，如果好友同意了就一起前往消费。有时他们会直接提出去某家餐馆消费，那么萧欣就会在大众点评上查看是否有相关的团购或优惠券，有的话就先购买再到店消费。 到店消费时，他们常常需要等座，而且一等就是一两个小时，表示会影响心情，也会耽误后续活动。有时甚至会遇到漏单，屡次咨询服务员也得不到解决。 她乐于尝试新口味，一般一段时间内不会重复去某家店消费，除非该店有特别吸引人的地方，或者有新的优惠活动或菜式。 对消费过的餐馆，她都会对各方面进行详细点评和推荐，以满足自己分享过程中的成就感，提高自己在餐饮领域的权威性和曝光度。如果有朋友前来咨询自己的体验，她会很享受这种被认可的感觉，并向朋友介绍该餐馆的环境、服务、菜品、价格等方面的信息	

用户研究与任务分析（User Research & Task Analysis）

表 3-10　解决温饱型人物角色信息

人物角色 B：解决温饱型用户	
基本信息	男，27 岁 某私企办公室员工 单身 工作非常繁忙
	郑志成
用户目标	"我一个人生活，日常工作繁忙，很少自己做饭，公司食堂也不太合我胃口，需要在用餐时间查找附近的餐馆，同时我也希望能提前点餐，到店即可食用，这样我可以节省很多等餐时间。"
主要任务	改善伙食 查找附近的餐馆 提前点餐，到店即食
日常行为描述	由于公司食堂菜品千篇一律，味道一般，并且一直单身，所以郑志成一日三餐基本都在餐馆解决。 同时，由于所负责的公司业务较多，工作非常繁忙，中午经常只有一个小时的休息时间，晚餐后也经常要加班。每次出去吃饭，他都不知道去哪里吃才好，一来怕口味、价格不合适，二来怕等座和等餐耽误工作时间。 他喜欢尝新，也对价格敏感，每当有新品推介或者特价优惠时，他都会去尝试

4．基于人物角色的场景脚本提纲

休闲娱乐型人物角色的场景脚本提纲如表 3-11 所示。

表 3-11　休闲娱乐型人物角色的场景脚本提纲

描述	需求
提前计划的餐饮消费	
（1）周末快到了，萧欣准备邀请几个好友出来聚会	组团消费
（2）大致确定了聚会的好友之后，萧欣开始安排聚会行程。与好友商量，决定中午一起吃饭	—
（3）与好友讨论后，他们决定去"公主料理"，于是萧欣在这家店预订了座位	在线订座
（4）安排好后，萧欣把行程发给了各位好友	通信
（5）周末到了，萧欣和好友准时来到"公主料理"见面，出示订座信息后，服务员安排他们就座	个人信息管理
（6）那天客人很多，服务员很忙，于是他们通过在线点餐平台自助进行点餐	在线点餐
（7）可是点餐后很久还没有上菜，他们就在线查询了菜品制作进度，并进行了催单	在线催单
（8）用餐完成，他们在线完成支付环节	多种支付方式

描述	需求
提前计划的餐饮消费	
（9）活动结束后，他们各自回家，萧欣对这天消费的餐馆进行了详细评价，希望为其他好友提供参考意见	对消费过的餐馆进行评价 咨询到过某家餐馆的好友
临时安排的餐饮消费	
（10）一个周末的下午，萧欣与好友李楚婷出去购物，下午 6 点时，发现回家吃饭太晚了，于是决定吃完饭后再回家。她们拿出手机，搜索了附近的餐馆，发现附近的"金韩宫"有两人团购套餐，就购买了一份，并通过导航到店	查找附近的餐馆 在线支付 查询餐馆地理位置
受好友影响的餐饮消费	
（11）萧欣通过微信朋友圈看到好友分享的"中森名菜"消费消息，消息所分享的位置是餐馆的地址，出于对美食的兴趣，萧欣点击进去，查看了该餐馆在大众点评上的消费者评价，还发现自己的其他微信好友也去过该餐馆	分享餐馆地址 查看餐馆评价 查看到过餐馆的微信好友
（12）萧欣觉得这家店的评价不错，去过的好友也比较多，于是决定关注这家餐馆的微信公众账号，通过账号中的菜单，完成了订座、点餐和支付	在线订座、点餐、支付
（13）到了用餐当天，萧欣来到这家餐馆，向服务员出示这家店的微信会员卡并验证了订座信息，过了几分钟，她点的菜就上来了，比以往去过的其他餐馆上菜都快	会员信息管理

解决温饱型人物角色的场景脚本提纲如表 3-12 所示。

表 3-12　解决温饱型人物角色的场景脚本提纲

描述	需求
（1）午餐有一个小时时间，郑志成想外出就餐，于是通过微信，查找附近的餐馆，查看过往消费者的评价，确定去哪家餐馆用餐	查询附近的餐馆信息
（2）他通过关注这家餐馆的微信公众账号，在线订座、点餐，并完成支付	订座、点餐、支付
（3）出发前，他通过微信公众账号查询到餐馆具体位置	查询餐馆地理位置
（4）到店后，他出示微信上该餐馆的会员卡，并出示订座信息，验证完订座信息后，服务员很快就给他上餐了	个人信息管理
（5）用餐完成，直接离开	—
（6）郑志成之前经常去某家餐馆，觉得那里味道比较好，上菜也快，但是几乎所有菜品都吃过了，于是他很久没有再去了。晚餐时间，他收到了这家店的新品推荐和优惠活动，发现已经有不少好友去试过，评价也不错，于是决定再去试试	餐馆菜品、优惠活动推荐 查看在某家餐馆消费过的好友评价

总结用户研究的结果如下。

（1）人们在餐饮消费过程中有明显的互动需求。消费者与消费者之间的互动需求主要表现为被动信息接收、主动咨询、邀约组团和体验分享；消费者与商家之间的互动需求主要表现为咨询、预订、问题反馈。

（2）社会关系网络对餐饮消费行为的不同阶段产生了不同程度的影响，表现为：消费前的信息被动接收会激发消费，强关系社交圈中的人所提供的信息更加可能激发人们的餐饮消费；消费期间的主动信息搜索影响消费决策，人们倾向于向强关系社交圈中的好友咨询；消费后，人们倾向于向强关系社交圈中的人分享餐饮消费体验，并由此获取一定的满足感。

（3）人们进行餐饮消费决策需要的信息主要包括菜品本身的情况、餐馆环境、服务质量、交通信息、优惠信息、品牌档次及过往消费者评价／评分。

（4）人们在消费决策前往往会主动咨询强关系社交圈中的人，尤其是那些有过亲身消费经验的人。与此相矛盾的是，人们往往对身边好友的餐饮消费经历并不了解，在需要进行咨询时难以找到合适的咨询对象。

（5）用餐过程中，消费者遇到的问题包括没有停车位、等座时间长、点餐过程的选菜恐惧症、等餐过程中的漏单现象、结账过程耗时多、流程烦琐等。

（6）人们有很强的餐饮消费体验分享意愿，分享对象以强关系社交圈为主，微信朋友圈是最重要的分享渠道，分享的动机表现为信息分享、记录生活、参与有奖活动及获取个人成就感。

（7）会员制度存在完善空间，消费者希望感受到价格优惠之外的"会员"礼遇。

根据以上结论，本研究将消费者在餐饮消费过程中对互动服务的需求划分为获取餐馆信息、获取消费建议、便利消费过程、分享消费体验、获得会员服务五大需求。获得餐馆信息的需求包括餐馆信息查询、查找附近的餐馆；获取消费建议的需求包括查看消费过的好友、向消费过的好友咨询；便利消费过程的需求包括组团消费、订座、点餐、催单、支付；分享消费体验的需求包括分享餐馆、向好友推荐菜品、晒菜单；获得会员服务的需求包括会员信息管理、客户服务。

⓪4 商业模型与概念设计
（Business Modeling & Concept Design）

第 3 章介绍了收集、处理用户需求的方法，本章将介绍使用这些研究数据的方法，并将其应用于设计之中。

设计师需要借助"模型"这一强有力的表达工具来呈现脑海中的设计。模型能够帮助设计师表达抽象、复杂的结构和关系，并从商业和服务的角度考虑设计的定位和流程，从而帮助其真正理解目标用户的需求、明确设计机会。商业模型与概念设计阶段需要进行概念设计、商业建模和服务设计，重点在于理解并形象化用户与用户，用户与商业，用户与社会环境、物理环境之间的联系。

4.1 商业

无论是何种形态的产品，最终都需要面向市场，好的商业模式与准确的产品定位能够将产品的概念设计更好地落地，满足市场需求。实现概念设计落地，需要使用的方法多来自管理学或产品学。

4.1.1 商业模式画布（Business Model Canvas）

商业模式画布（图 4-1）是一种架构——可以用来描述、可视化、评估，甚至改变商业模式的通用架构。设计师可利用商业模式的架构来描述和思考本组织、竞争对手，乃至其他任何企业的商业模式。通过重要伙伴（KP）、关键业务（KA）、核心资源（KR）、渠道通路（CH）、价值主张（VP）、客户关系（CR）、客户细分（CS）、成本结构（C$）、收入来源（R$）9 个基本构造模块，我们就可以描述一种商业模式。

（1）重要伙伴：指让商业模式运转所需的供应商和合作伙伴的网络。有 3 种动机有利于促成合作，即商业模式的优化和规模经济的运用、风险和不确定性的降低、特定资源和业务的获取。而合作主要有 4 种类型，即非竞争者之间的战略联盟关系、竞争者之间的合作关系、为开发新业务而构建的合作关系、为确保可靠供应的购买方—供应商关系。

（2）关键业务：指为了确保商业模式可行企业必须做的重要的事情，包含制造产品、问题解决、平台 / 网络管理。

（3）核心资源：指让商业模式运转所必需的因素，如实体资产、知识资产、人力资源、金融资产。

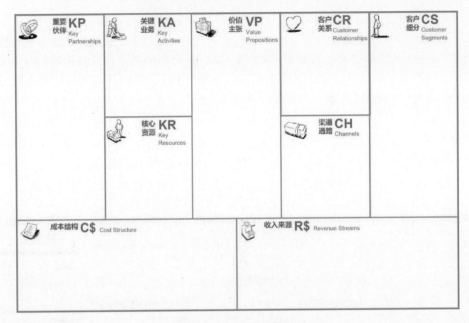

图 4-1　商业模式画布

（4）渠道通路：描绘了公司是如何沟通、接触其细分的客户，从而传递价值主张的。渠道通路的功能包括提升公司产品和服务在客户中的认知，帮助客户评估公司价值主张，协助客户购买特定产品和服务，向客户传递价值主张，提供售后支持。

（5）价值主张：指为特定客户细分群体创造价值的系列产品和服务。主要体现在新颖服务、性能、定制化、"把事情做好"、设计、品牌 / 身份地位、价格、成本削减、风险抑制、可达性、便利性 / 可用性上。

（6）客户关系：指与特定客户细分群体建立的关系类型。可分为个人助理、专用个人助理、自助服务、自动化服务、社区、共同创作。

（7）客户细分：指企业想要接触和服务的不同人群和组织。客户的类型包括大众市场、利基市场、区隔化市场、多元化市场、多边平台或多边市场。

（8）成本结构：指运营一种商业模式所引发的所有成本，包括固定成本、可变成本、市场费用、生产成本、技术授权成本、营运维护成本、财务成本等。创造价值、提供价值、维系客户关系和产生收入都会引发成本。商业模式大致分为成本驱动和价值驱动两种，许多商业模式介于这两种极端类型之间。

（9）收入来源：指从每个客户群体获取的现金收入（需要扣除成本）来源。获取收入的方式有资产销售、使用收费、订阅收费、租赁收费、授权收费、经纪收费、广告收费。定价机制主要有固定定价、动态定价两种。

奥斯特瓦德（Osterwalder）在《商业模式新生代》中对商业模式画布提出了自己的建议：

65

在一个较大的墙面或白板内画图，以便有足够的空间思考并实验。创业者应尽情发挥设计思维，并用便签记下来，逐渐将每一格填满。每一张便签都可以代表一类用户群体、一种相对应的价值定位、一条渠道路径等。创业者应尽可能多地列出不同可能性，并根据当前的实力和既定的目标，选择合理的方案。商业模式中往往存在各种图片元素，便签的好处是方便随时更改，显示不同元素间的相互影响，直到选出最优解。

案例

图 4-2 展示了坐车网的商业模式（对商业模式画布的基本构造模块进行个性化调整），设计师可以在竞品分析时结合商业模式画布结构设计其他产品的商业模式。

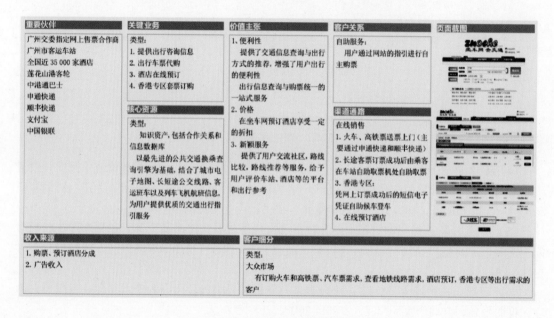

图 4-2　坐车网的商业模式

4.1.2　平衡记分卡（Balanced Score Card）

平衡记分卡是由哈佛商学院的 Robert S. Kaplan 和 David P. Norton 发明的一种绩效管理和绩效考核的方法，被誉为"75 年来最伟大的管理工具"，已广泛应用于西方国家，被大多数企业的高管人员使用。如表 4-1 所示，平衡记分卡包括客户价值方面、绩效价值方面、学习方面和财务价值方面。这 4 个方面恰好与设计的 4 种价值系统相对应，即差异化设计、协调设计、转型设计、优秀的业务设计。将平衡记分卡与设计的 4 种价值系统结合使用，并应用在设计决策、设计政策或设计项目中，可促进设计与管理的衔接。

商业模型与概念设计（Business Modeling & Concept Design）

表 4-1　平衡记分卡

（1）客户价值方面 为了实现愿景，我们应该如何设计？ • 提高平均价以上的产品或服务的市场占有率 • 提高在售产品或服务的品牌形象 • 提高客户满意度 / 用户导向的设计（客户满意度调查）	（1）绩效价值方面 在业务流程中，设计部门如何能帮我们胜出？ • 改进、创新过程 / 每年运行更多的项目 • 改善生产流程 / 出现更少的缺陷 • 应用客户关系管理 / 信息管理系统的设计（更少的抱怨）
（3）学习方面 如何提高我们变革和改进的能力？ • 征集有潜力的个人档案 / 征集设计 • 有竞争力的员工 / 通过设计提高学习能力 • 对工作人员的激励和授权 / 在横向的多元文化团队工作	（4）财务价值方面 为了取得成功，设计产品应该如何出现在股东面前？ • 提高新产品或服务的销售营业额 • 提高无形资产 / 提高得到许可的或受到保护的设计的数量 • 提高投资回报率 / 提高设计项目投入资金所产生的回报

案例

　　图 4-3 为某品牌的冲浪潜水服，专为女性设计。它适合女性的体形，使女性用户可以更舒服、更容易地进行冲浪，也鼓励更多的女性来发现冲浪的乐趣。表 4-2 为冲浪潜水服的平衡记分卡，可用来评估这款产品的价值。

表 4-2　冲浪潜水服的平衡记分卡

（1）客户价值方面 • 冲浪关乎平衡的问题。冲浪潜水服的设计实际上减少了某些方向的弹性，使平衡更加容易 • 冲浪潜水服的胸部的独立设计从视觉上是集成在潜水服里的 衡量 • 冲浪潜水服的品牌价值	（2）绩效价值方面 • 忠实于以用户为导向的创新过程，从研究转向用户的实践领域，航海运动很成熟 • 技术价值：使用氯丁橡胶的有机硅控制运动；通过亚光区和光泽区的设计对功能区进行区分 衡量 • 新产品上市量
（3）学习方面 • 了解女性员工的需求和渴望，授权并改善知识管理 衡量 • 员工满意度，特别是女性员工的满意度 • 所有品牌的新市场定位	（4）财务价值方面 • 通过运动的民主化，设计股东价值资源 • 创新实现独特性 衡量 • 获得国际论坛设计大奖将提高公司的无形价值

图 4-3　某品牌的冲浪潜水服

4.1.3　品牌定位（Brand Positioning）

　　品牌定位就是企业在市场定位和产品定位的基础上，对品牌进行总体的规划、设计，明确品牌的方向和基本活动范围，进而通过对企业资源的战略性配置和对品牌理念持续性的强化传播，来获取市场各方（包括消费者、竞争者、社会公众等）的认同。它致力于在消费者心目中占据一个独特而有价值的位置，从而影响消费者的购买选择。当消费者产生相关需求时，引发联想并选购本品牌产品，从而实现预期的品牌优势和品牌竞争力。

在信息爆炸时代，信息的泛滥与良莠不齐使得品牌与消费者之间的沟通存在障碍。而对品牌进行定位就是为了对目标人群建立最有吸引力的竞争优势，有助于潜在人群记住企业所传达的信息，并通过一定的手段将这种竞争的优势传达给消费者，转化为消费者的心理认识，从而形成对品牌的偏好和持续的购买行为。定位之父、全球顶级营销大师杰克·屈特认为：定位的基本原则并不是去塑造新而独特的东西，而是将人们已有的想法作为品牌定位实施的指南，将想法付诸实践，打开联想之门，目的是在消费者心目中占据有利的位置。

要做好品牌定位，不能忽略以下 3 个要素。

（1）相关性：品牌定位及其核心价值诉求应符合消费人群的需求特征，以及未来消费需求的演变趋势。

（2）差异性：品牌定位与竞品定位要形成差异，有独特的卖点。

（3）可信度：品牌核心价值在于产品、营销、网络等方面受到组织能力的支持，并得以体现，赢得消费者信任。

图 4-4　品牌定位展示页面

品牌定位的设计步骤有以下 4 点。

（1）分析行业环境。每个产品都不能在真空中建立，周围的竞争者都有着各自的覆盖面，因此一定要切合行业环境。

（2）寻找区隔概念。分析行业环境之后，则要寻找一个概念，即自己的独特点，使自己与竞争者区别开来。

（3）找到支撑点。找到支撑点，用以支撑区隔概念，让它真实可信。

（4）传播与应用。并不是说有了区隔概念，就可以等着消费者上门。企业最终要靠传播，才能将概念植入消费者心中，并在应用中建立起自己的定位。

 案例

在 2015 年某家居网站的品牌建设项目中，项目组根据其品牌的目标市场及消费人群，将其定位为以微笑为核心，以环保、健康、柔软和舒适为关键词的家居品牌。品牌文化以微笑文化为主，logo 的 7 个微笑表情代表了 7 种微笑的含义——幸福、童真、感恩、快乐、希望、梦想和自由，图 4-4 为品牌定位展示页面。

4.1.4　生态系统（Ecosystem）

生态系统源自生态学的概念。生态学是研究生物与其相关环境的辩证关系的科学，20 世纪 60 年代以来，生态学领域里的相关思想、原理和方法被大量应用到社会科学领域，衍生出文化生态学、人类生态学、社会生态学等。如今，生态学的衍生品还包括产品生态学、商业生态圈等。生态系统的原始概念指在自然界的一定空间内，生物与环境构成统一整体，生物与环境之间相互影响、相互制约，并在一定时期内处于相对稳定的动态平衡状态。产品生态系统的研究主要围绕某种产品展开，在产品生态学中，主要涉及的因素包括：产品本身；周围的产品或系统；使用者，即用户；使用场所的空间结构、规范和日常惯例；使用者的社会和文化背景等。生态系统主要用来表达系统中产品、用户、空间等所有角色之间的信息及能量流动。

案例

在 UXLab 城域文体活动运营设计项目中，主要的角色包括爱好者、平台、人群、实体、媒体。使用生态系统的方法能直观地描述该平台在产品及人群生态圈中的信息流动及互动关系，图 4-5 为社交平台生态圈分析（部分）。爱好者是使用平台的主要用户，通过 4 个子平台实现他们的部分文体需求。人群是除爱好者外使用平台的人，如赛事主办方、网上商城商家、培训班组织者、场馆经营者等都会通过平台给爱好者提供一定的服务。而平台的运营要依赖实体，实体支撑着平台。从另一个角度说，平台把各种人和实体联系到一起，把原本线下的行为转移到线上。媒体和平台是合作关系，媒体负责报道，平台的图片、视频资源也能为媒体所用。

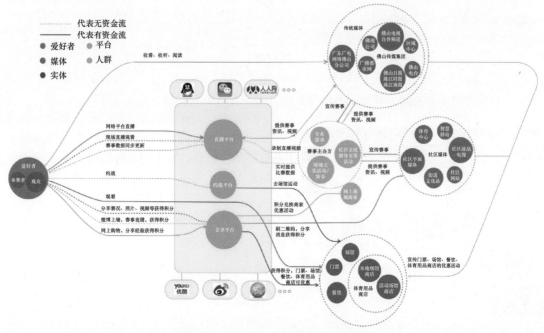

图 4-5　社交平台生态圈分析（部分）

在信息平台下有 4 个子平台。赛事主办方和培训班组织者在信息发布平台上发布比赛或课程信息。在有赛事时，爱好者可以通过平台的报名系统进行网上报名，报名名单会自动录入，赛事主办方在平台上也可以对名单进行管理。同样，在没有赛事时，爱好者可以通过培训班主页查看课程信息、在线咨询、观看培训视频，在决定参加培训班后可以通过报名系统选择培训班进行日常文体锻炼。报名后，平台会将赛事安排、课程安排推送给爱好者，并适时提醒。在看比赛或者参与日常文体活动的过程中，爱好者可以使用信息服务平台。信息服务平台提供了多种便民服务，除了交通导航、拼车租车、天气资讯、失物招领，爱好者还可以扫描二维码获得积分，积分达到一定的数额就可以在实体店中享受优惠。

4.2 信息

商业模型与概念设计阶段需要对用户研究与任务分析阶段收集的用户行为与需求进行信息过滤与整理，筛选出对设计有用的信息并梳理出用户的需求点，设计将涵盖的词汇或功能模块都需要在这一阶段确定，为后续设计奠定基础。

4.2.1 头脑风暴（Brainstorming）

头脑风暴是由美国创造学家于 1939 年首次提出、1953 年正式发表的一种激发性思维方法，使用十分广泛。头脑风暴通常在概念设计中使用，鼓励参与者开放思维，将头脑中与主题相关的想法都写下来，再将全部意见进行分类整理，以此产生对项目有用的创意。头脑风暴强调想法的数量和独特性，在发散阶段，成员间应互相尊重，不对其他人的想法进行评论。

下面是三种能够提高头脑风暴质量的方法。

（1）小组成员逐个、轮回地发表意见，这样能保证每个参与者都有发言的机会。

（2）小组成员把自己的想法写在纸上并传给主持人，每张纸上只能写一个想法。然后记录下这些想法，进行讨论。这种方式能够让所有的参与者平等安静地参与到讨论中。

图 4-6　参与成员在头脑风暴会议中进行讨论

（3）混合的头脑风暴，即结合头脑风暴和通过共识产生最终列表的过程。这种方法强调的是质量而不是数量。每个想法在被提出后，小组成员进行讨论，如果每个人都表示赞同，那么记下这个想法，这样产生的最终列表就是每个人提供的、有质量保证的想法列表了。

案例

2015 年的虚拟培训系统项目涉及专业性极强的领域。在专家访谈之后，项目组成员带着专家的建议，就如何设定系统的功能模块进行了激烈的头脑风暴会议，并在白纸上写下了自己的想法。图 4-6

为参与成员在头脑风暴会议中进行讨论，图 4-7 为成员各自写下自己的想法，再进行细致讨论。

图 4-7　成员各自写下自己的想法

4.2.2　亲和图（Affinity Diagram）

亲和图又称亲缘图，是一种分类的方法。我们通过针对用户需求而收集到的大量经验、知识、想法和意见等语言、文字资料，依据其直观上的联系性，按其亲和性（相近性）归纳整理这些资料，以明确需求，发现各个问题之间的关联，发掘设计机会。亲和图中与人物相关的信息可以发展成为角色，使用产品相关的描述可以为场景分析提供依据，与使用流程相关的信息可以整理得出任务流程，产品的关键词可以成为信息架构和词汇定义的信息来源。随后设计的每个功能点、每个流程都可以在亲和图上找到相关的依据。

🖐️ 案例

在 2011 年基于云计算的内容存储分发业务研发项目中，项目组使用亲和图对用户研究阶段收集的信息进行整理。以下图片描述了亲和图的设计过程，图 4-8 为工作人员正在做亲和图的归类，应尽可能列举所有在调研中涉及的用户使用场景及功能点，形成的初步亲和图如图 4-9 所示，再用纸、笔将最终亲和图记录下来（图 4-10），最后使用 mindjet 整理得出思维导图（图 4-11），方便归档及后续查阅使用。

图 4-8　工作人员正在做亲和图的归类

图 4-9　初步亲和图

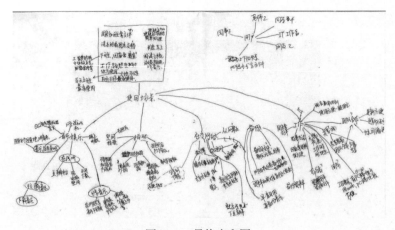

图 4-10　最终亲和图

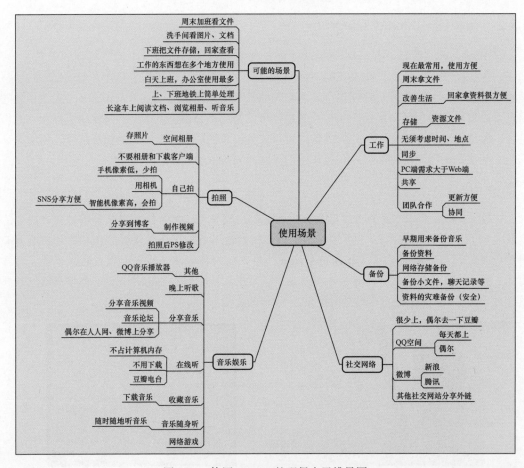

图 4-11　使用 mindjet 整理得出思维导图

4.2.3 卡片分类（Card Sorting）

卡片分类是指让用户将一叠具有产品或服务代表性元素的卡片进行分类，以获知用户的使用习惯及用户期望。分析的结果可以帮助研究人员理解用户心理模型，并为信息架构设计提供依据。图 4-12 为卡片分类流程图。

卡片分类流程图
Card Sorting Progress

1 制作卡片	2 卡片分类	3 收集分析
Make the card	Card sorting	Collection and analysis
将所有需要分类的元素（如功能）写在单独的索引卡片上，其中每个元素一个卡片。	将这些卡片打乱次序后提交给一些用户。用户将这些卡片分类，将关联功能分为一组。然后为每个组提供一个标签。	将每张卡片的分类情况做一个矩阵，然后看这些卡片分类的分布情况。

图 4-12　卡片分类流程图

卡片分类分为开放式卡片分类和封闭式卡片分类两种。

开放式卡片分类：没有预先分组，参与者需要自己创建分组并描述每个组。开放式卡片分类适用于新建网站或者对已有网站的信息重新分类。

封闭式卡片分类：有已经定义好的分组，参与者需要把卡片放入这些分组中。封闭式卡片分类适用于在已有分类结构中添加内容，或者在开放式卡片分类后获取反馈信息。

功能树常作为卡片分类（元素为功能）的产出物，用于整理卡片分类的结果。功能树从总体上描述系统的功能布局，展示不同的功能（服务的需求、元素），在每个分支上列出不同的想法。通过联合不同分支上的想法可以生成许多新的不同的概念。功能树的优点是直观和概括，可清晰地表现系统的构成。功能树的缺点是信息量小，不能表达功能模块之间复杂的交互关系。

卡片分类的优点主要有：快速并易于使用，在任何初步设计之前就可完成，有助于了解人们如何组织信息，能揭露深层结构。主要缺点有：只能处理写在卡片上的内容，它得到的解决方案隐含着结构信息，使用时很难浏览更多分类。

📖 案例

在 2012 年的马拉松赛事平台设计项目中，项目组将所有前期调研总结得出的产品应有功能模块写在卡片上，并加入一些与马拉松赛事相关的词汇卡片，请若干用户进行卡片分类，并综合分类结果，修正产品功能架构。图 4-13 为用户正在进行卡片分类，图 4-14 为卡片分类结束后，使用 Visio 软件整理得出的产品架构。

图 4-13　用户正在进行卡片分类

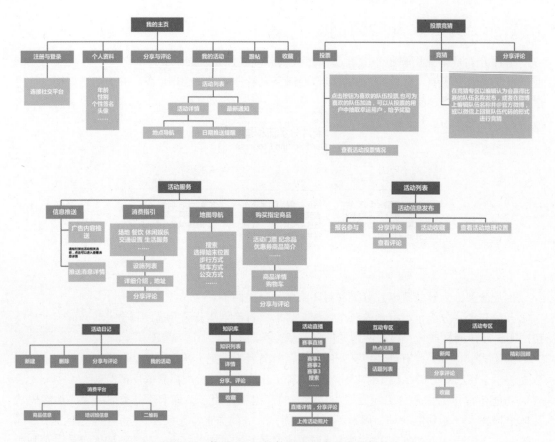

图 4-14　使用 Visio 软件整理得出的产品架构

4.2.4　词汇定义（Wording）

　　每个产品架构都包括一套对应的词汇，以规范后续设计过程中功能的使用。这套词汇定义了信息节点、功能标签、导航等所有语义范围的用词，为避免混乱，词汇定义一旦确定后不得再更换。词汇定义应该从用户的语义习惯和常用表达出发。一方面，由于搜索引擎用词在一定程度上反映了用户对某个词汇的熟悉程度或认同感，因此我们可以通过搜索引擎优化（Search Engine Optimization，SEO）（热词分析）来确定产品系统所用的词汇；另一方面，我们可以将前期调研中用户使用或者提及的词汇收集起来形成一套词汇系统，利用卡片分类的方法招募用户进行测试，通过用户的反馈来判断词汇的准确度并进行修正。

　　在卡片分类之前，我们需要确定哪些词汇作为卡片分类的信息来源，以下为几种常用方法。

　　（1）热词分析。热词分析是搜索引擎优化里面一项很重要的工作。

　　（2）同义词环圈。同义词环圈是把一组定义为等价关系的词汇连接起来，以供搜索之用。

事实上，这些词汇并不是真正的同义词，而是那些用户在搜索目标时可能用到的其他词汇。例如，我们想搜索与信息架构相关的信息，我们可能输入 Information Architecture，也可能输入它的缩写 IA。

（3）竞品分析。竞品分析也是获得相关词汇的一个途径，若大多数的竞品使用相同的词汇描述某一内容或产品，那么这个词汇就是大家可以普遍接受的词汇，可作为确定词汇；有差别的词汇则可作为卡片分类的内容，为卡片分类提供词汇来源。

（4）访谈问卷。访谈问卷是前期调研常用的方法，和竞品分析类似，也是为卡片分类提供词源的一种方法，不同的是，它是直接从用户处获得信息。

案例

案例来自 UXLab 2009 年某企业网站建设项目，该项目旨在针对企业官网信息架构混乱、核心功能不突出等缺点进行优化设计。在概念设计阶段，使用卡片分类对网站现有功能及导航词汇进行整理和重新定义。图 4-15 为使用卡片分类进行信息架构梳理，当时我们将已知信息整理成一张张卡片，和该企业相关领导一起梳理需要在官网上展示的内容，并进行信息层级划分的讨论。若有漏掉的信息，则手写缺漏的信息卡片（如图 4-16 所示），再将其补充进信息架构。

图 4-15　使用卡片分类进行信息架构梳理

图 4-16　手写缺漏的信息卡片

4.3　设计

在收集到用户需求后，我们需要将其转化为设计机会及功能点，可以利用一些方法梳理用户的行为经历或是项目组成员天马行空的设计想法，保证需求的落地及固化。

4.3.1　思维导图（Mind Map）

思维导图又称心智图，是记录想法和想法之间联系的一种特别的方法，以图像来辅助思维表达。思维导图通常以一个想法为中心开始发散，用线条、标志、词语和图片绘制一个包括解决方案和想法的系统。思维导图有助于将设计对象的相关领域知识进行视觉化的梳理，建立各种信息、行为、动作及结果之间的关系。

思维导图可从以下 7 步着手绘制。

（1）从白纸的中心开始画。从中心开始，让大脑的思维能够向任意方向发散出去，自由、自然地表达自己的想法。

（2）用一幅图像或图画表达中心思想。一幅代表中心思想的图画越生动有趣，就越能帮助我们集中注意力、集中思想，让大脑更加兴奋。

（3）绘图时尽可能多地使用颜色。颜色和图像一样能使我们的大脑兴奋起来，让思维导图增添跳跃感和生命力。

（4）连接中心图像和主要分枝，再连接主要分枝和二级分枝，接着连接二级分枝和三级分枝，以此类推。大脑是通过联想来工作的，把分枝连接起来，有助于我们理解并记住更多的东西。这就像一棵茁壮生长的大树，树杈从主干生出，向四面八方发散。

（5）用美丽的曲线连接，永远不要使用直线连接。大脑会对直线感到厌烦，曲线就像大树的枝杈一样，更能吸引我们，进而激发想象。

（6）每条线上注明一个关键词。思维导图可以融图像与文字的功能于一体，关键词会使思维导图更加醒目、清晰。每个词汇和图形都像一个母体，繁殖出与它相关的、互相联系的一系列"子代"。就组合关系来讲，单个词汇具有无限的可能性，每个词汇都是自由的，这有利于新创意的产生，而短语和句子却容易扼杀这种火花效应，因为它们已经成为一种固定的组合。思维导图上的关键词就像手指上的关节，而写满短语或句子的思维导图，就像缺乏关节的手指，如同僵硬的木棍。

（7）自始至终使用图形。每个图形就像中心图形一样，可引出更多词汇。

📖 **案例**

案例来自 UXLab 2015 年智能商场大数据服务平台设计项目。该平台的使用对象是商场

商业模型与概念设计（Business Modeling & Concept Design）

的经营者或管理者，项目组从消费者角度出发，通过其逛商场的过程，梳理消费者的实际需求，并将其转化成商场能提供的功能模块，同时列举出每个功能模块对应的大数据类型，绘制出智能商场大数据服务平台功能设想思维导图，为后续原型设计提供依据，如图 4-17 所示。

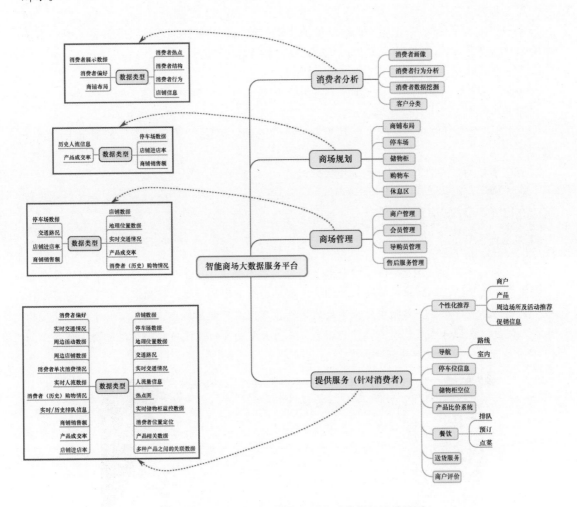

图 4-17　智能商场大数据服务平台功能设想思维导图

4.3.2　KA 卡片（KA Card）

KA 卡片是基于定性信息和文本表达，试图产生新产品和营销策略的方法，与 Kurosu（2004）的"微场景法"相似。

KA 卡片设计步骤如下。

第 1 步：发生了什么。

分析从实地调查得到的文本资料，并将其分成几部分，每部分包括场景、动机、行为、结果。

第 2 步：关键词。

基于"发生了什么"，把主要内容转换成生动描绘场景的关键词。可以理解成"用户体验时的内心感受"，也可以是对"发生了什么"的主观感受的描述。

第 3 步：生活中的价值。

基于"发生了什么"和"关键词"的抽象，创造包含"生活中的价值"的短语。

第 4 步：对 KA 卡片进行编组。

其中，"发生事件模块地图"是基于发生事件的场景信息，"价值地图"是基于生活的价值信息。

应用亲和图方法把子小组归整为更大的组。

第 5 步：定位。

在地图上覆盖已有产品。

📖 案例

案例来自 UXLab 2014 年汽车安全驾驶研究与倒车场景 HUD 设计项目。在前期的安全驾驶研究中，项目组已总结出与安全驾驶相关的各类场景并做好分类，使用 KA 卡片（如图 4-18 所示）能够描述汽车安全驾驶中发生事故的场景、原因及可能的解决方案，有助于概念原型的生成，促进概念设计点及创新点的产出。表 4-3 为 KA 卡片的具体内容，整理讨论后可导出如图 4-19 所示的安全驾驶问题解决方案。

图 4-18　KA 卡片

商业模型与概念设计（Business Modeling & Concept Design）

表 4-3　KA 卡片的具体内容

A1：当周围车辆比较少时，驾驶员想从辅道变到主道，于是打转向灯变到主道的中间车道	
路况好，车辆少，一次变两个车道	打转向灯，变道行驶 从辅道切换到主道
在跨第 2 个车道时语音提示：请尽量不要一次变两个车道。但不要阻止用户，只是提示	
自动打转向灯，可结合路线，也可结合车轮和路面标志的距离，用来判断是否转向和转向的方向（不过还有一个车道偏离的情况需要考证）	
若驾驶员短时间内打两次转向灯，则进行提醒，并记录该行为、扣分	
变道时自动打转向灯	
A2：在人、车较多的窄路行驶，不断踩刹车，感到烦躁	
交通拥挤，心情烦躁	低速行车 自动巡航
自动行驶	
自动驾驶，在人比较多的窄路行驶时，车辆感应周围车辆、行人、非机动车和障碍物，驾驶员无须任何操作，进行自动驾驶。同时，车内可以营造娱乐环境：听歌、玩游戏；也可以营造办公环境：发邮件等，所有事物都可以通过云储存或更新	
当低速行车时：（1）自动巡航；（2）HMI 显示周围车况；（3）车内放松模式（情绪监控、安抚音乐、车座按摩、令人放松的花香或空气清新剂）	
驾驶员一直保持较低速度行驶或者手动调整自动巡航系统，自动刹车，保持较低速度跟车	
A3：当路况较好、周围车辆较少且前车行驶速度较慢时，频繁变道超车（以较快的速度行驶）	
性子急，频繁变道超车以节约时间	频繁且快速变道超车——安全隐患
自动打转向灯，为了避免车速太快没有注意盲区（大车阻挡），路口提示，或者用分辨度不高的颜色框出前方车辆	
当驾驶员频繁变道时，汽车对周围环境进行检测，同时告知驾驶员是否可以进行变道	
周围车况检测，告知驾驶员变道超车是否在安全范围	
超车时显示与左、右车的距离	
A4：要转弯，已经预先知道周围环境，确定无车尾随后，变道不打转向灯	
自以为是，不打转向灯	避免驾驶员因太过自信而发生意外 避免忘记一些重要操作
自动打转向灯	
可以与驾驶路线结合，当需要转弯时，即使驾驶员没有打转向灯，也可以自动打开转向灯	
驾驶员不打转向灯，系统强行打开并进行安全驾驶行为规范警示	
转弯自动打转向灯	

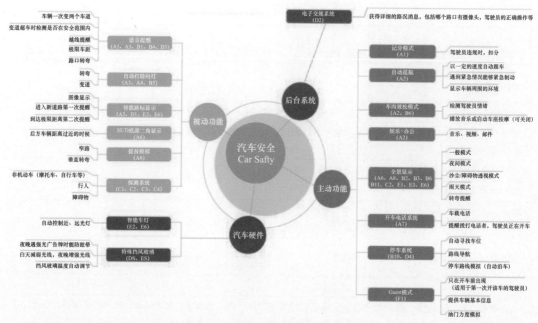

图 4-19　安全驾驶问题解决方案

4.3.3　服务蓝图（Service Blueprint）

　　服务蓝图是一种可准确描述服务体系的工具，以流程图为核心，通过持续地描述服务提供过程、服务接触、员工和顾客的角色，以及服务的有形证据来直观地展示服务。它是用来改善服务流程质量、设计优质服务流程的重要工具，现在被广泛应用于服务设计领域。服务流程本身是一种无形的形式，借助服务蓝图则可以把这种无形的服务流程有形化、可视化，从而可以比较、分析服务流程的优劣。服务蓝图有两大要素：服务时刻（可触发服务的任务节点）和服务序列（以视觉的形式展示服务路径）。

　　有形物品是属于特定的人士，归属于拥有者的，而服务仅存在于传递过程中。在传递过程中，有传递主体和被传递到的主体。设计者应以用户为中心，站在用户的立场去体验服务流程。用户是被传递到的主体，传递主体有可能是商店的售货员、酒店的自动售卖机、旅行时的导游等，总之是用户能够接触到的人或物。服务蓝图不仅要体现出用户能够接触到的服务流程，还要体现出用户不能接触到的服务流程。因此，服务蓝图纵向可以分成前台行为和后台行为。

📖 案例

　　在《老年慢性病病人的看病流程研究与设计》一文中，作者从服务设计角度出发，研究现有医院看病流程中存在的服务问题。根据用户研究发现，不同行为特征的慢性病老人的看病需求和看病行为有所差异。根据是否住院和是否紧急这两个与看病活动密切相关的行为属性，

商业模型与概念设计（Business Modeling & Concept Design）

可把慢性病老人分成普通住院老人、紧急住院老人和不紧急不住院老人这三类人群，每类人群分别对应不同的次要属性。然后与不同人群对应，整理出不同的服务场景。接着，根据不同服务场景划分出不同的接触点，综合访谈资料、人群分类，分别给每类人群绘制了服务蓝图。通过老人感知的服务蓝图，发现医院现有看病流程的不足。

例如，普通住院老人在普通门诊发生的行为次序为：到达医院→挂号→分科→拿到号码纸→寻找科室→候诊→看诊→拿到检查表→寻找检查科室→挂号→缴费→等待→检查→看诊→拿到诊断结果→寻找入院窗口→办理入院手续→缴费→领取饭卡→前往病房。普通住院老人在普通门诊创建的服务蓝图如图 4-20 所示。

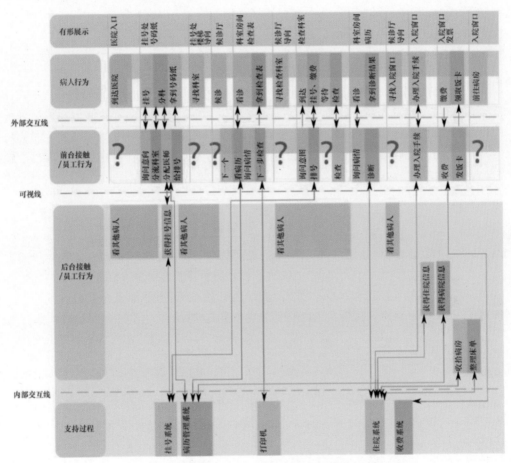

图 4-20　普通住院老人在普通门诊创建的服务蓝图

结论：在病人到达医院、寻找科室、候诊、寻找检查科室、等待（检查）、寻找入院窗口等服务接触点，服务有待提升。在候诊及等待（检查）接触点，病人需要等待较长时间。在寻找科室、寻找检查科室和寻找入院窗口这些接触点，医院导向不明显、服务连接不连贯，令病人有迷失感。

4.3.4　接触点设计（Touch Point Design）

接触点指的是个人的无形资产或是构成一项服务的所有经验的互动。接触点的种类繁多，综合而言可包括：口语传播、交互式语音应答系统、沟通的印刷品、地点的特定部分、对象、顾客服务、商店、通信和邮件、运输、电子邮件、伙伴、网站和网络、手机与 PC 接口、广告、标志、销售点等。在网络时代，越来越多的媒介被应用到接触点上。服务接触是公司与顾客服务接触的瞬间，也是提供最真实感受的瞬间，对服务质量、服务满意度有最直接的影响。顾客在接受服务时一般有多个服务接触点。接触点是组成服务蓝图的重要因素。服务流程是由服务接触点连接而成的。服务流程的每个接触点都是一个设计机会，可以对其进行功能设计和优化。

服务接触点相当于服务蓝图的有形展示，是顾客行为、前台接触和员工行为三种类型元素在某个时刻的交互。

📖**案例**

在《老年慢性病病人的看病流程研究与设计》一文中，作者对老年慢性病病人进行用户分类，根据不同用户的看病服务蓝图，找出看病流程的不足及缺陷，通过服务蓝图中用户的行为，分析用户看病流程中的接触点，找出对应的服务场景。图 4-21 为普通住院老人门诊服务的接触点整理结果。

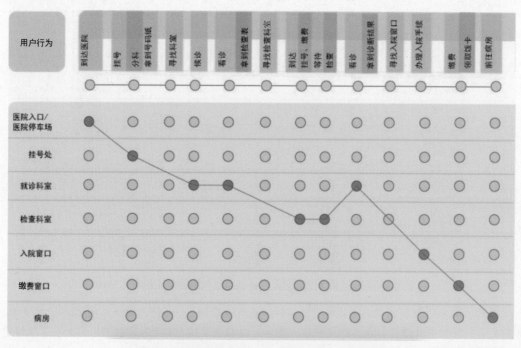

图 4-21　普通住院老人门诊服务的接触点整理结果

4.3.5　用户体验地图（User Experience Map）

　　用户体验地图详细描述了不同用户在一个系统中采取某方法来完成一个特定的任务。这个系统可以是应用程序或网站，这个方法显示了当前或者原有的用户工作流，并揭示了将来的工作流需要改进的地方。用户体验地图的重点在用户，以及其看到的东西和选择的东西，目的是了解用户现在的工作流。

　　使用用户体验地图应注意以下几点。

　　（1）指导原则。在考虑用户体验地图之前，首先要明确 3～5 个调查结果或者基本原则，如为什么人们会选择这个业务而不是那个业务（为什么将钱存银行而不是将钱藏在床底下）。

　　（2）行为模型。每个项目有不同的模型，但在每个模型中必须把重要的内容展示出来，如一个阶段到另外一个阶段的转变、不同媒介之间的转变；在这些转变点上需要思考一些问题：有多少人使用这些特定的媒介、哪些部分的体验已经被破坏了等；同时将用户的操作连接到设计的系统中。

　　（3）定性观点。"doing"（即行为模型），通常至少关联 2～3 个"thinking"（通常是问题的形式，如要花多少钱、我能用这个吗、它有什么用等）和"feeling"（感受的反馈，如受挫、满意、悲伤、迷惑等）；通过这部分的处理就可以了解特定接触点对用户的重要性和价值。

　　（4）定量观点。如指出只有 20% 的用户遇到这个接触点，或者用户操作的某个阶段与商业价值是无关的等，这些都可以用水平线表示，或者用特殊的箭头表示。

　　（5）机会点。指解决来自用户行为以外的问题，或是对未解决的问题提出建议、解决办法。

　　随着电商、本地化服务的不断深入，提升线上、线下一体化的体验变得尤为重要，以前线上体验的设计方式不再适应一体化的体验设计，因此需要通过用户体验地图提升用户体验。

　　完成用户体验地图需要进行如下工作。

　　确定用户角色，完成观察记录、行为研究、调查问卷、竞品分析。

　　用户角色——最有效的用户体验地图通常会包含用户角色及情境故事。每个用户体验地图都应该呈现某个特定产品目标使用者的真实特性，并且该使用者有明确的任务和目标。

　　观察记录、行为研究、调查问卷、竞品分析——都是为了同一个目的，即获取大量真实、可靠的原材料。用户体验地图上每个节点的对应内容，都应该是经过长期的用户研究获取的资料。所以，也可以说用户体验地图是对用户使用产品时出现的问题进行有效梳理的方式。

　　📖 案例

　　在城域文体活动运营设计项目中，借鉴了全媒体运营经验，将传统的线下文体活动打造成全媒体生态的运营。项目组使用体育平台的用户体验地图（如图 4-22 所示），梳理用户在使用体育产品时的接触点及情绪，分析全媒体手段的介入时间及介入方式，从中挖掘设计机会。

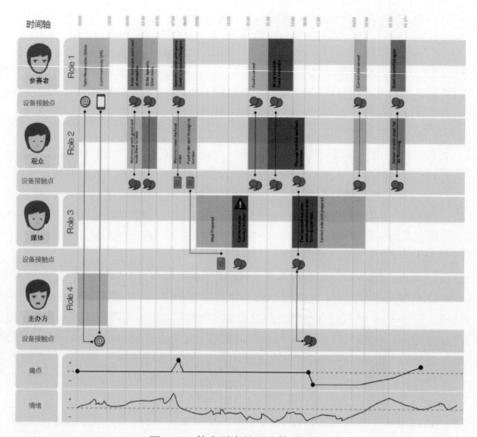

图 4-22 体育平台的用户体验地图

4.4 综合案例：基于微信的餐饮互动服务模式研究

案例来自论文《基于微信社交平台的餐饮互动服务研究》。本研究在微信已有功能的前提下对其未来功能进行合理设想，提出基于微信的餐饮互动服务模式，使得各类餐饮商户能以较小的投入实现 O2O 模式的管理与营销。

1. 基于微信的餐饮互动服务模式定位

在餐饮消费过程中，商家和消费者共同构成整个互动行为的主体角色，因此，在对基于微信的餐饮互动服务模式进行设计时，除应该满足用户研究过程中得出的消费者需求之外，还要满足商家在品牌展示、降低运营成本、客户管理与服务、形成品牌和口碑、提高收入等方面的需求，基于微信的餐饮互动服务模式应满足的双边需求如图 4-23 所示。

商业模型与概念设计（Business Modeling & Concept Design）

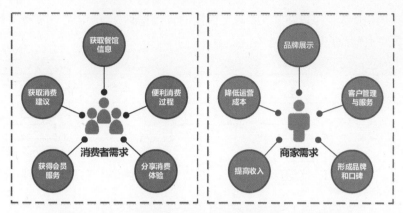

图 4-23 基于微信的餐饮互动服务模式应满足的双边需求

模式一：基于位置的餐饮信息获取。

餐饮的实体消费特性决定其必须考虑地理位置，图 4-24 描述了基于位置信息的餐饮信息获取流程。传统的基于位置的服务（LBS）慢慢失去活力，其过度集中于商户端的强推方式，而基于微信的 LBS 可以从培养用户的黏性和习惯入手。与其让用户先签到再推送信息，不如让用户自主获取与位置相关的信息。而具体到餐饮领域，微信可以在以下两个主要行为过程中介入 LBS：一是当人们需要查找餐馆时，可通过"查找附近的餐馆"功能实现，进而查询餐馆详细信息；二是在消费行动后的信息分享中，除分享文字、图片、表情外，加入餐馆位置分享功能。

涉及的功能点包括：

- 查找附近的餐馆；
- 餐馆位置分享（一对一分享、群组分享、朋友圈分享）；
- 查看并咨询在这里消费过的好友；
- 查看大众点评中的消费者评价。

模式二：基于微信社交关系的以食会友。

"以食会友"模式作用于餐饮消费决策前的咨询、餐饮消费中的邀约结伴及餐饮消费后的体验分享环节，基于微信社交关系的以食会友流程如图 4-25 所示。在信息获取方面，用户研究结果表明，人们在餐饮决策时往往会先上大众点评进行查询，然而，以上信息提供者对信息接收者来说位于陌生人社交圈内，信息真假难辨，可信度不高。微信的社交属性及"在这里消费过的好

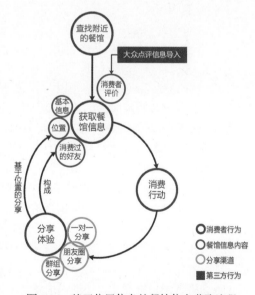

图 4-24 基于位置信息的餐饮信息获取流程

友"功能的接入,使人们可以在强关系社交圈内向有亲身消费经验的好友进行一对一的咨询,获取相熟的真实消费者的意见。

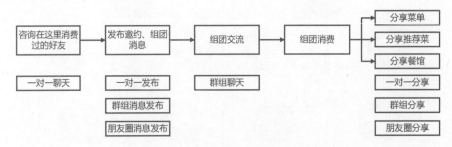

图 4-25　基于微信社交关系的以食会友流程

另外,用户研究结果显示,餐饮消费往往伴随着邀约、结伴行为,人们往往会与强关系社交圈内的好友共同用餐。因此,在获取充分且可信的餐饮信息之后,人们还可直接使用微信的通信功能,通过一对一聊天、群组聊天或朋友圈发消息等形式,邀约有共同饮食爱好或彼此相熟的好友组团消费。

最后,消费者可利用微信分享功能,向好友分享菜单、推荐菜品或餐馆。

这一模式的设计主要满足了消费者获取消费建议和分享消费体验的需求,同时对商家形成口碑传播。

涉及的功能点包括:

* 查看在这里消费过的好友;
* 微信聊天;
* 发布邀约、组团消费信息;
* 分享菜单、推荐菜品或餐馆。

模式三:基于微信公众平台的自助用餐。

用户研究发现,在用餐过程中,消费者常遇到等座时间长、点餐过程选菜恐惧症、等餐过程漏单、结账过程耗时长、流程烦琐等问题。

通过如图 4-26 所示的传统餐饮服务用户体验地图,我们可以清晰地看到在传统餐饮模式下,随着时间的推进,消费者的行为流与服务员、厨师的行为流的互动关系,并从中挖掘用户痛点、情绪变化和成本。一般情况下,餐馆只提供电话或现场订座,有的甚至不接受订座,消费者到达后常需要等待;而在点餐环节,服务员平均需要花费 5 ～ 15 分钟帮消费者拿菜单和等待消费者点菜;下单后,如果出现消费者催单的情况,服务员需要在消费者与厨师之间来回沟通,消费者在整个沟通过程中始终无法直接与厨师取得联系;到了付款阶段,获取账单、找零、开发票等一系列服务有可能让一位服务员来回跑上两三趟,再次带来消费者的长时间等待。如果餐馆店面比较大或者有多层,那么服务员将花费更多的时间。这样的经营模式不仅造成了人力资源的极度紧张,还使得消费者在这个过程中频繁等待,产生情绪波动。

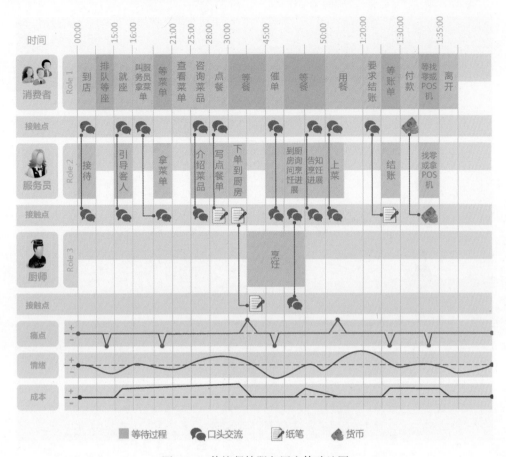

图 4-26　传统餐饮服务用户体验地图

目前，微信公众平台已正式开放了"自定义菜单"的应用程序接口（API），使得公众账号的功能更加强大。使用微信公众平台的自定义菜单，餐馆的公众账号可以将订座、点餐、催单、支付流程从线下分流到线上完成。这一模式满足了消费者获得便利消费过程的需求，同时降低了餐馆的人力成本，服务员可节省更多时间，以便在其他真正需要人力介入的环节更好地服务消费者，也有助于提高餐馆收入。基于微信公众平台的自助用餐服务用户体验地图如图 4-27 所示。

涉及的功能点包括：

- 公众平台（商户展示、订座、点餐、催单）；
- 微信支付。

模式四：基于消费者关系管理的精准推送及口碑传播。

用户研究发现，消费者希望感受到更多价格优惠之外的"会员"礼遇。汇集了消费者身份信息、消费记录和联系方式的会员卡，就是餐馆为消费者提供贵宾服务的数据来源。

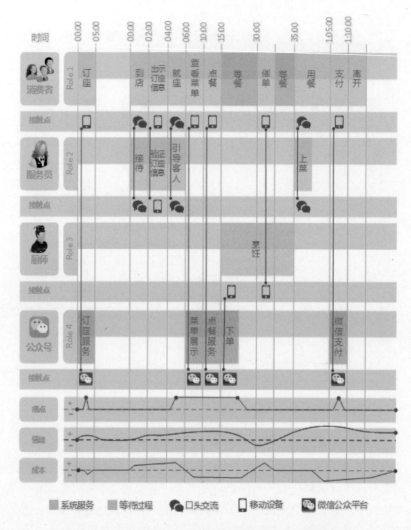

图 4-27　基于微信公众平台的自助用餐服务用户体验地图

　　此外，微信公众平台还为餐馆提供了一个直接与消费者对话的渠道，图 4-28 显示了餐馆、消费者关系管理及精准推送流程。通过自动回复内容的设置，可以实现常见问题的自动回复。通过人工回复，餐馆可对消费者的更多提问、反馈进行答复，完善消费者关系管理流程。

　　消费者在获得餐馆的优质消费服务和精准消息推送的良好体验后，往往会形成口碑传播，基于消费者关系管理的精准推送及口碑传播过程如图 4-29 所示。对于餐饮业来说，口碑营销在所有营销方式中收效最为显著，不仅极易降低消费者对价格的敏感性，还能提高消费者的忠诚度。

商业模型与概念设计（Business Modeling & Concept Design）

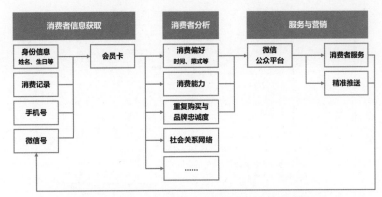

图 4-28　餐馆、消费者关系管理及精准推送流程

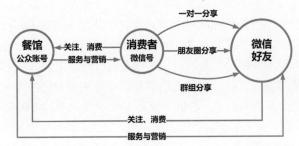

图 4-29　基于消费者关系管理的精准推送及口碑传播过程

可见，这一模式既能满足消费者获取会员服务、与商家直接沟通的需求，又能满足商家进行客户服务与营销的需求。

涉及的功能点包括：

- 公众平台消费者管理后台；
- 公众平台分组消息推送；
- 公众平台消息管理（自动回复、人工回复）；
- 消费体验分享（一对一分享、群组分享、朋友圈分享）。

2．微信应用于餐饮的生态闭环与商业模式

从消费者的角度来看，通过"附近的餐馆""查看消费过的好友""商户展示""自助服务""会员管理""朋友圈""微信支付"等主要功能，以及微信中的社交关系，满足了消费者获得餐馆信息、获取消费建议、便利消费过程、分享消费体验、获得会员服务这五大餐饮消费互动需求，构建了微信应用于餐饮的生态闭环。

从商家的角度来看，这四种模式满足了商家在品牌展示、线上运营、客户管理、客户服务、客户沟通等方面的需求。一方面加速了餐饮商家的信息化过程，节省了运营成本；另一方面通过消费者关系管理，增加了餐饮商家与消费者接触的机会，有助于吸引更多消费者，构成了如图 4-30 所示的微信应用于餐饮的商业模式。

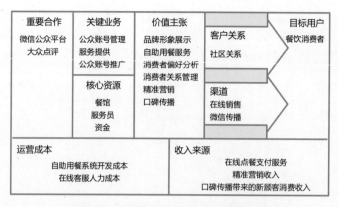

图 4-30　微信应用于餐饮的商业模式

　　四种模式应用在微信的社交网络服务（SNS）功能之上，实现了 O2O 商业模式的良性循环。第一步，微信公众平台作为消费决策入口，引流大量消费者；第二步，通过对餐馆信息的展示及好友关系的联系，辅以各类活动信息，帮助消费者做出消费决策，并完成订座、点餐、支付等过程；第三步，消费者在线下商户完成消费；第四步，消费者使用微信分享消费体验，提供消费建议，进而吸引更多新的消费者，帮助引流；最后，餐馆通过微信公众平台管理消费者信息，建立餐馆与过往消费者的沟通交流渠道，维护客户关系，进行精准推送，提高"回头率"。

　　图 4-31 为微信应用于餐饮的 SNS+O2O 商业模式的良性循环，其中蓝色箭头形成的闭环代表一般消费者（新客）的决策、消费流程；红色箭头形成的闭环则表示熟客的消费过程。

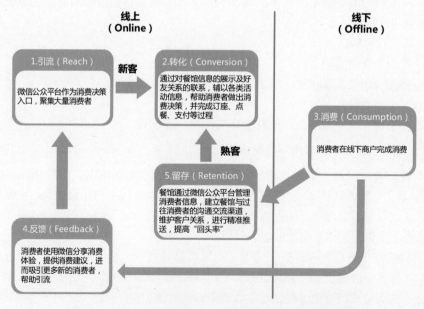

图 4-31　微信应用于餐饮的 SNS+O2O 商业模式的良性循环

信息架构与设计实现

（Information Architecture & Implementation of Design）

05

有了概念设计的模型，接下来我们就需要梳理产品的信息架构（功能、流程）并进行界面设计。原型在这一阶段扮演着重要的角色，它最大的好处是能够在表现层将设计合成为一个逻辑整体，用户能够和设计师一起看到未来交互的软件蓝图、功能和效果，获得较真实的感受，并在讨论中完善未来的设计思路。通过原型这个整合体，使每个开发人员和设计人员对产品的目标一目了然，相当于做了一份详细的需求分析。这一阶段的工作包括原型设计、信息架构设计、视觉与交互设计。

5.1 商业

信息架构与设计实现阶段涉及商业设计的部分较少，在产品的市场定位与商业模式确定之后，我们主要的工作就是将商业理念及品牌文化体现在产品的信息架构及界面之中。

5.1.1 组织系统设计（Organization System Design）

组织系统与标签系统、导航系统和搜索系统称为信息架构的四大组件。组织系统的内容由两部分组成，即组织体系和组织架构。不同设备界面的组织系统设计有不同的特点和适应性，本书主要选取 Web 端的组织系统设计进行介绍。

（1）Web 端的组织体系可以分为精准性组织体系和模糊性组织体系两种。

精准性组织体系主要有三种类型，分别为按字母顺序、按年表和按地理位置，这种体系适用于已知条目搜索，因为用户已经知道他们要找的是什么。

模糊性组织体系主要有五种类型，分别为按主题、按任务导向、按用户、按隐喻和按混用，这种体系适用于浏览与联想式学习，因为用户对其信息需求也不明确。

（2）Web 端的组织架构可以分为简单组织架构和混合组织架构，其中简单组织架构有层级、数据库、超链接和线性组织架构，混合组织架构有简单层级＋数据库、目录、中心辐射、子站、集中入口和标签组织架构。表 5-1 为不同组织架构对应的适用内容、适用人群及作用。

表 5-1　不同组织架构对应的适用内容、适用人群及作用

组织架构	适用内容	适用人群	作用
层级	拥有各类内容的小型站点	习惯先阅读概述信息，然后阅读详细内容	平衡内容的广度和深度
数据库	内容具有一致性	想通过更多方式进入内容	所有内容需要适应结构，且不需要收集超出需求的元数据
超链接	内容还不完整，需要不断地添加补充	追随相关材料的链接	需要了解链接的内容，当内容完成后，可能需要重构
线性	顺序性内容	想按照特定顺序理解某些内容	只有当用户必须按顺序阅读时才使用
简单层级＋数据库	综合性内容加上具有一致性结构的内容类型	—	区分出哪些内容需要结构化，哪些不需要
目录	大量结构性内容集	寻找特定类别，然后接着查看具体产品	—
中心辐射	分级内容	每次都回到中心页面，然后再查看新的内容	—
子站	大型企业和政务站点，需要许多独立的内容版块	—	考虑子站是否需要统一的导航／页面布局和品牌
集中入口	任意入口均可，通常采用层级结构	想随心浏览，且没有最好的方法	—
标签	大量内容集	根据自身的定义发掘信息，轻松找到相关信息	谁有权限进行标签操作

📖 案例

• 按任务导向的组织体系

按任务导向的组织体系（如图 5-1 所示）会把内容和应用程序组织成流程，在电子商务领域最为常见。

• 按用户的组织体系

当网站或者企业网络有两组以上可以清楚界定出来的用户时，采用按用户的组织体系（如图 5-2 所示）就更有意义。

信息架构与设计实现（Information Architecture & Implementation of Design）

图 5-1　按任务导向的组织体系

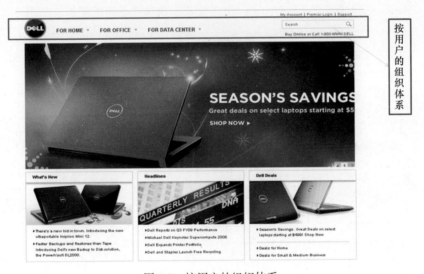

图 5-2　按用户的组织体系

5.2　信息

　　信息架构最初是从数据库设计领域中诞生出来的概念，是一个组织信息需求的高级蓝图，包括一个企业所使用的主要信息类别的独立人员、组织和技术文件。信息架构的主体对象是信息，它是信息环境的结构化设计。搭建信息架构可使呈现的信息更加清晰，最终帮助用户快速地找到想要的信息。信息架构的设计往往优于界面设计，明确了产品的功能逻辑及架构后才可对界面进行控件设计及布局编排。

5.2.1 界面流程图（Interface Operation Procedure Map）

界面流程图又称 OP 图，它借助原型图描述任务，关注用户与系统交互的操作细节，使整个流程看起来更加生动，可帮助设计师检验产品或者服务的功能是否齐全，避免出现流程缺陷。一张 OP 图由界面原型图及简单的文字线条构成，能够表示用户的操作与页面跳转之间的关系，在必要时，还需要在 OP 图上添加应用对用户操作的反馈。OP 图不仅能帮助设计人员理解程序的工作流程，也能帮助程序员理解开发程序，在应用开发优化过程中是一种不可或缺的工具。

对于一个应用程序，我们至少需要一张 OP 图来表示应用主功能的工作流程，根据需要，可以考虑是否添加其他 OP 图。由于流程架构的多次修改，因此在一个项目中，可能有多个版本的 OP 图。

案例

案例来自 UXLab 2012 年商务随行 App 优化项目，该 App 主要用于营业员购买公司对外销售的商品。已有 App 的购买流程与网页版基本保持一致，因此从移动设计和使用场景的角度看设计存在冗余。项目组对购买流程进行简化后，在原型的基础上用界面流程图阐释该 App 优化的主要流程。图 5-3 为商务随行 App"订单管理"模块的界面流程图。

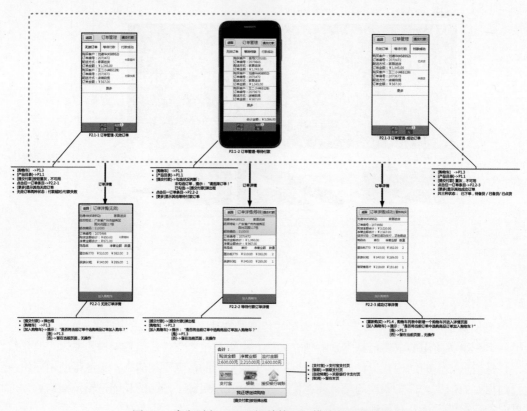

图 5-3　商务随行 App"订单管理"模块的界面流程图

5.2.2　标签系统设计（the Label System Design）

标签系统由标题和文字等组成，可引导用户找到想要的信息。每个标签都是系统的一部分，系统需要使用对用户来说有意义的语言描述分类目录、选项及链接。

标签最初用于印刷领域，功能是标记目标分类或产品详情。在信息架构设计中，标签设计是不可缺少的。在 Web 2.0 中，标签是一个重要的元素，它是一种互联网内容组织方式，是相关性很强的关键字，可帮助我们轻松地描述和分类内容，同时便于检索和分享。当然，不仅是网站的设计，在移动端的信息架构设计中，标签也是一种被经常使用的工具。

如何获得设计标签的灵感？

（1）向用户学习。努力将标签系统和用户期望相匹配。虽然我们很难设计出一个单个的、绝对完善的系统来满足所有用户的需求，但我们的目标是尽所能去优化它，在这个过程中可以使用卡片分类方法。

（2）使用词典和词汇生成器。当中途卡住时，要集思广益，想出尽可能多的替代方案。可翻阅词典，寻找同义词，也可以使用词汇生成器。

（3）看竞争对手的网站。同行业和市场的网站，其标签的模式也相似。因此可观察竞争对手网站导航和网站功能的标签。

（4）看搜索日志。如果用户在使用搜索之前没有在网站上找到可以作为标签的词汇，代表存在用户期望看到却没有看到的标签。因此，可分析这些词汇，完善标签系统。

（5）使用“Tag”。自由使用“Tag”的网站越来越受欢迎。这些网站允许人们使用“Tag”来收藏页面，便于日后取用。对设计者而言，“Tag”也是潜在的标签来源。

好的标签应满足以下几点要求。

首先，它要匹配概念，并且符合用户的使用习惯。

其次，它应该满足使用一致性。

最后，它应该能够正确地表述目标或内容。

如何定义标签？

一般来说，设计人员可以结合用户研究的结果，采用卡片分类的方法，进行标签的定义，同时还可以参考搜索条件、引用条件及现有的标签。

📖**案例**

1. **标签作为情景式链接**

此时标签指向其他网页中大块信息的链接或同一网页中的另一位置。图 5-4 为谷歌搜索页的标签设计。

图 5-4 谷歌搜索页的标签设计

2. 标签作为索引词语

此时标签作为提供搜索或浏览的关键词和标题词，关键词和标题词代表的是内容。图 5-5 为 BBC 官网首页的字母索引。

图 5-5 BBC 官网首页的字母索引

5.2.3 导航设计（Navigation Design）

导航包括导航条、超链接、按钮和其他可点击的项目。导航不是一个简单的条形，而是一个完整的系统，其链接了不同的模块和不同的需求，图 5-6 为导航的内容和功能。

信息架构与设计实现（Information Architecture & Implementation of Design）

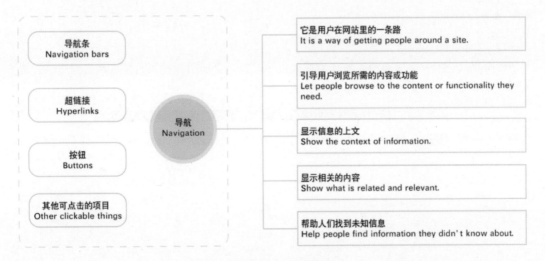

图 5-6　导航的内容和功能

导航设计的目标是创造无须费力的信息交互。成功的导航设计有以下几个特点。

（1）平衡。这里的平衡是指广度（Breadth）和深度（Depth）的平衡，即单个页面上可见菜单项的数目与层级结构中级别数目的平衡。

（2）易于学习。导航的意图和功能必须一目了然，这不但对以赢利为目的的大信息量网站设计至关重要，而且对其他类型的网站设计同样重要。

（3）一致性和不一致性。这里的一致性指的是：链接机制出现在页面中固定的位置，其行为可以预料，有标准化的标签，在网站中看起来都一样。这里的不一致性指的是：导航机制在位置、颜色、标签和总体布局上的变化，这样能够创造用户在网站中的行进感。

（4）反馈。导航系统应该给用户提示，指引用户如何导航。文字和标签是人们识别选项或者当前页面主题的主要方式。除此之外，应该从两个方面考虑导航的反馈：选择某个导航选项前的光标悬停行为，以及过渡到新页面后展示当前的位置。

（5）效率。应设计容易看到和选择的导航链接、标签和图标，避开那些不必要的选择。

（6）明确的标签。标签设计应避免使用术语、品牌名称、缩略语等。

（7）视觉清晰。颜色、字体和布局都应有助于用户体验。

（8）与网站类型相称。不同类型的网站对网站导航的要求是不一样的。例如，信息类的网站应增加导航的广度，学习类的网站导航应简洁明确。

（9）与用户需求一致。设计导航应关注网站的目标群体及其信息需求。

网站导航的类型主要有横向导航、纵向导航、倒 L 型导航、选项卡导航、下拉式导航、弹出式导航、整页导航、页内导航、上下文链接和相关链接导航等。

移动应用的主要导航模式有跳板式、列表菜单式、标签菜单式、画廊式、仪表板式、隐喻和大数据量菜单式，次级导航模式有页面切换式、图片切换式和扩展列表式。

案例

1. 纵向导航

纵向导航一般位于页面的左侧或右侧。当导航置于页面右侧时，内容区域得到强调；当导航置于左侧时，用户更加容易识别（如图 5-7 所示）。

图 5-7　纵向导航

2. 倒 L 型导航

倒 L 型导航是横向导航和纵向导航相结合的一种导航形式，如图 5-8 所示。横向导航作为主导航在各页面中保持一致，纵向导航根据不同页面内容而变化，适用于大型网站。

图 5-8　倒 L 型导航

5.2.4　站点地图（Site Map）

站点地图是一张用户可能访问的页面清单，它能够反映出站点所有页面的层次关系，是一个网站所有链接的容器。站点地图可以是一个任意形式的文档，用于网页设计，也可以是列

信息架构与设计实现（Information Architecture & Implementation of Design）

出网站中所有页面的一个网页，通常采用分级形式。站点地图有两种形式，一种是 XML 站点地图，这种形式的站点地图用户是不需要看到的，但它能够告诉搜索引擎站点所有的网页及页面的重要性和更新周期；另一种是 HTML 站点地图，它可帮助用户找到页面上的内容，并且不需要包括所有的页面和子页面。站点地图可以帮助设计者优化网站的搜索引擎，确保实现所有页面的查找。此外，站点地图还可以起到辅助导航的作用，因为它提供了网站所有内容的概述。

　　小型网站的站点地图可以考虑置于页脚，帮助用户在内容页和搜索引擎之间跳转，寻找所需信息，还可以罗列网站的所有信息。但是，对于大型网站而言，这种站点地图只适合罗列网站的主要内容。

　　站点地图主要有以下作用：

　　（1）为搜索引擎自主提供可以浏览整个网站的链接；

　　（2）为搜索引擎自主提供链接，指向动态页面或者难以达到的页面；

　　（3）作为一种潜在的着陆页面，可以优化搜索；

　　（4）如果访问者试图访问网站所在域内并不存在的地址，那么这个访问者就会被转到"无法找到文件"的错误页面，而站点地图可以作为该页面的"准"内容。

案例

　　Intel 网站的站点地图如图 5-9 所示，一个小型网站的站点地图如图 5-10 所示。

图 5-9　Intel 网站的站点地图

图 5-10　一个小型网站的站点地图

5.3　设计

　　信息架构与设计实现阶段的重点是原型设计及界面设计。原型除了能带给用户感官上的体验，还能在进行项目深入调整前收集反馈信息。修改编码的代价是很大的，系统重构的代价更大，可能会导致项目的目标无法完成。但是在原型中改变一些重要的交互行为或布局等所花费的只是一点沟通时间，并且通常一个人就能对原型进行构建和维护，不会影响其他进度。

5.3.1　纸上原型（Paper Prototyping）

纸上原型是低保真原型的一种，虽然相对粗糙，但通过纸面的转换能使用户得到系统真实的反馈，且允许多次评估和迭代，从而得到改善设计的信息。

纸上原型的优点如下：

（1）使用较早且经常使用；

（2）易于创建，花费少；

（3）可以看出设计思想；

（4）不需要特殊知识，任何小组成员都能创建。

纸上原型的缺点如下：

（1）不是交互式的；

（2）不能计算响应时间；

（3）不能处理界面问题，如颜色和字体大小。

案例

在 2012 年的商务随行 App 优化项目中，项目组主要针对其"在线购物"和"订单管理"两大功能模块进行流程优化设计。项目组对购买流程进行简化后，就着手绘制纸上原型，如图 5-11 所示，在手绘纸上原型基础上经过多次迭代后固化成定稿。

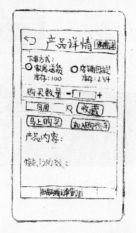

图 5-11　纸上原型

5.3.2 实物模型（Mock-up Model）

实物模型使用一些实物元素表现出现状或者情境，并将它们组合，用以阐述想法或者服务理念。实物模型可以是比例模型或是和实物一样大的模型，如果该模型已经实现某些功能，在创建服务模型时也能充当原型，用来表达想法，以及进行模拟测试。设计者可以使用实物模型来收集使用者的意见及反馈。

案例

案例来自 UXLab 2014 年智能情侣手环设计项目，该项目旨在设计一款增进情侣沟通及情感交流的智能可穿戴设备，其功能模块主要包括手环的基本功能、健康监测、维护感情及娱乐互动。借助 3D 打印机制作的实物模型，项目组可以有针对性地进行模拟测试，检验功能的有效性及可行性。图 5-12 为 3D 打印的实物模型，用它可进行代入式的模拟测试。借助实物模型进行模拟测试的故事板如图 5-13 所示。

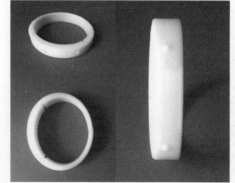

图 5-12 3D 打印的实物模型

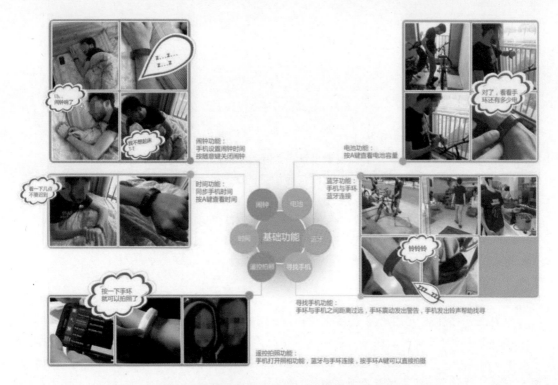

图 5-13 借助实物模型进行模拟测试的故事板

5.3.3　高保真原型（High-fidelity Prototyping）

"高保真"并非一个既定的目标，高保真原型、低保真原型都是一种沟通的媒介。高保真原型主要从两个方面进行研讨：一是视觉效果，二是可用性，包括用户体验。因此，高保真原型的产品逻辑、交互逻辑、视觉效果等应极度接近最终产品的形态，（至少）应包括以下几项：原型的概念或想法说明，详细交互动作与流程，各类后台判定，界面排版，界面切换动态，异常流处理，要达到让产品经理、程序员、用户能够理解的程度。让产品原型尽可能地无限逼近于完整产品是每个人想要的，但高保真也意味着大量的资源投入。

高保真原型设计步骤如图 5-14 所示。

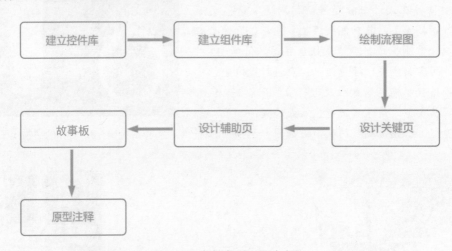

图 5-14　高保真原型设计步骤

高保真原型设计注意事项如下。

（1）灰度线框图：颜色会干扰视觉设计，效果会影响大家对易用性的判断。

（2）清晰地展示流程：好的操作流程是易用性的最基本标准。

（3）关键功能要有故事板：以便用户更好、更快地理解产品。

（4）要有注释：图只能展示界面元素，图文并茂才能准确、完整地传达设计思想。

（5）有一致性：一致性会降低用户对界面的学习和识别成本。

（6）有规范性：好的软件或者网站绝对是规范的。

案例

案例来自 UXLab 2012 年车载社交项目，该项目通过调查以广州地区为主的智能手机使用人群的使用习惯及偏好，探索智能手机应用程序在车载导航终端平台上的可行性及优化设计。项目组根据该产品的社交定位、流程及当时车载系统主流的设计风格设计了高保真原型，图 5-15 为车载社交系统高保真原型界面。

信息架构与设计实现（Information Architecture & Implementation of Design）

图 5-15　车载社交系统高保真原型界面

5.3.4　手势设计（Gesture Design）

手势设计是自然交互界面的一种，现在已经在各种智能终端得到广泛使用。我们可以感受到，用户从使用按键、鼠标、键盘等物理媒介逐步转换到使用手势等自然交互界面所付出的学习成本并不高，这是因为大量的自然交互界面都是在真实的物理世界中存在的或是由此演绎而来的，如上下滑动滚动页面、滑动以平移等。

优秀的手势设计应考虑到以下几个原则。

（1）符合认知和使用习惯：目前已经产生了大量的手势交互设计，并被广泛使用。在这一过程中，培养了用户的认知和使用习惯。不符合用户的认知和使用习惯的手势设计，会增加用户的学习和记忆成本，影响产品的体验。

（2）考虑场景限制：空间、时间、其他任务的进行等因素，都可能会影响用户的使用。例如，用户在闲暇时间玩游戏时，会投入大量的精力来完成交互，游戏的手势可以复杂一些；而在相对狭小的驾驶舱中，用户最关注的是自身的驾驶安全，交互手势力求简单高效，并减少误操作的发生。

（3）即时反馈：在手势交互的过程中，即时反馈能够提高用户的投入度。即时反馈包括动画效果、震动、语音提示等。

📖 案例

《基于车内交互场景的用户参与式手势设计》论文探究了驾驶过程中的手势设计。文中将手势操作分为唤醒、主程序正向切换、主程序反向切换等 8 个分类，并对此设计了实验，进行垂直分析和水平分析。表 5-2 为手势操作一览表，列举了 8 个主要手势及其对应任务，以及操作后的信息显示内容。8 个手势操作均能与图 5-16 的手势示意图对应。

表 5-2　手势操作一览表

手势操作	任务	信息显示
唤醒	唤醒 HUD	页面 logo，速度，车况
	打开导航	车速，地图
主程序正向切换	停车时从导航切换到车况	—
主程序反向切换	从车况切换到导航	—
放大	将大地图切换到小地图	大地图，小地图，速度
缩小	将小地图切换到大地图	小地图，大地图，速度
确认	接受短信 / 微信 / 电话	导航信息，短信 / 微信 / 电话
取消	取消信息读取，挂断电话	导航信息
休眠	关闭导航	速度
	关闭 HUD	—

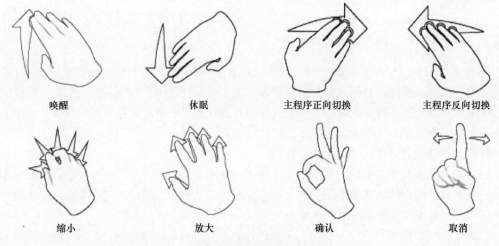

唤醒　　　　休眠　　　　主程序正向切换　　　主程序反向切换

缩小　　　　放大　　　　确认　　　　取消

图 5-16　手势示意图

实验希望解决的问题有：

（1）以前的手势交互经验对他们产生什么影响？

（2）手势在哪个区域被识别最方便，单手或双手驾驶的习惯对识别区域是否有影响？

（3）不同测试用户对这些手势是否趋向同一性？

（4）并不是所有任务都适合手势操作，用户对任务使用手势控制如何评价，与语音控制相比，哪些操作适合语音控制，哪些操作适合手势控制？

（5）左右手使用习惯的不同对识别区域是否有影响？

（6）结合 HUD 的使用，提示信息出现的时间是否对驾驶活动有所影响？

实验期望得到的结果有：

（1）定性用户定义的车内交互手势；

信息架构与设计实现（Information Architecture & Implementation of Design）

（2）驾驶者在使用手势时的心理决策流程；

（3）对车内交互设计更深的理解。

为了保证得到更有价值的测试结果，在测试前会告知测试用户任务交互形式，在测试中不干扰测试用户，不对测试用户的决策做鼓励或修改的暗示。为了避免实验结果偏差，HUD信息呈现应避免市场上特殊的界面风格。每个参与测试的人在驾驶中要求做一个手势来表示从A到B。

目标实验人群：已拿到驾照并且驾驶经历中没有手势控制的相关经验的人群。

实验方法：

实验在同济大学UXLab中使用驾驶模拟器进行。

软件由Unity3D制作完成，图5-17为模拟器中的地图全览。测试用户在驾驶过程中完成任务，由工作人员发出任务指令，测试用户根据任务做出手势，屏幕上HUD呈现的信息作为反馈。实验中，会在测试用户四周放置摄像机去记录测试用户的反应时间和手势，同时设置一个观察者观察每个任务，并对测试用户的出声思维做详细笔记。过程记录使用方法如下。

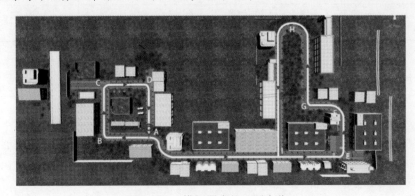

图5-17　模拟器中的地图全览

（1）观察法：测试全过程将会被录像，包括测试用户的操作及驾驶模拟器中驾驶过程画面。

（2）出声思维方法：测试用户在操作的同时要描述他们的动作，观察者可以借此了解测试中的交互流程和原型中的错误。

（3）访谈法：完成测试之后对测试用户进行访问，了解其对实验节奏、流程及任务的设置是否有看法。

实验步骤如下。

（1）准备：测试用户坐在驾驶位置，进行5~10min驾驶环境熟悉，主要熟悉方向盘转动角度和油门刹车力度，主试及记录人员做好相关准备工作；

（2）打开虚拟驾驶系统，打开录像机和屏幕录制软件，程序调试正常；

（3）实验开始：在A点处开始驾驶，沿箭头指向方向行驶，循环驾驶，整个实验场景中道路车辆少,汽车匀速行驶,速度保持在 35km/h 左右。并让测试用户在驾驶过程中完成测试任务,包括唤醒手势,主程序正、反向切换手势,放大、缩小手势,确认、取消手势和休眠手势。

测试之后,会让测试用户填写如表 5-3 所示的测试打分表,给每个手势操作的难易程度打分:1 分是很简单,2 分是简单,3 分是一般,4 分是困难,5 分是很困难;给每个手势可能的使用次数打分:1 分是使用次数很低,2 分是使用次数较低,3 分是使用次数一般,4 分是使用次数较高,5 分是使用次数很高。

表 5-3　测试打分表

手势操作	任务	操作的难易程度（1~5 分）	使用次数（1~5 分）
唤醒	唤醒 HUD		
	打开导航		
主程序正向切换	停车时从导航切换到车况		
主程序反向切换	从车况切换到导航		
放大	将大地图切换到小地图		
缩小	将小地图切换到大地图		
确认	接受电话		
取消	挂断电话		
休眠	关闭导航		
	关闭 HUD		

填完表之后对测试用户进行访谈,访谈题目如下。

(1) 您觉得目前的手势识别区域是否合理舒适,如果您自己选择,会选择哪个区域?

(2) 如果要您自己设置任务,您最想把哪些功能设置成手势操作?对比已有的任务(参考不同车辆厂商手势操作任务)和实验任务。

(3) 您平时习惯用单手还是双手驾驶,刚刚的手势操作对您的驾驶活动是否有影响?

(4) 您平时左右手使用习惯会影响您刚才的手势操作吗?

(5) 请对测试流程和任务设置,以及手势操作谈谈看法。

参与本次实验共 21 人,有效视频记录为 20 人,有效文字资料记录为 21 人。平均年龄 24 岁,男性 5 人,女性 16 人,驾龄 5 年以上者有 5 人,2~3 年者有 8 人,新手有 8 人。

在实验之后,我们对各个任务进行了垂直分析和水平分析。

垂直分析包括每个手势的难度量值,提取出一致性较高的手势,结合手势类型分析手势特点。垂直分析的结果如下:

(1) 唤醒手势操作有 62% 的人选择了难度量值 1,自然语义类型手势较多,共出现 9 种手势,最终选择的手势共有 9 人使用该手势;

(2) 主程序正向切换手势操作有 50% 的人选择了难度量值 2,自然语义类型手势较多,共出现 9 种手势,最终选择的手势共有 12 人使用该手势;

（3）主程序反向切换手势操作有43%的人选择了难度量值2，自然语义类型手势较多，共出现10种手势，最终选择的手势共有12人使用该手势；

（4）缩小手势操作有43%的人选择了难度量值2，全部为自然语义类型，共出现2种手势，最终选择的手势共有11人使用该手势；

（5）放大手势操作有38%的人选择了难度量值2，全部为自然语义类型，共出现2种手势，最终选择的手势共有11人使用该手势；

（6）确认手势操作有33%的人选择了难度量值2，全部为自然语义类型，共出现10种手势，最终选的手势共有5人使用该手势；

（7）取消手势操作有34%的人选择了难度量值1，自然语义类型手势较多，共出现10种手势，最终选的手势共有5人使用该手势；

（8）休眠手势操作有55%的人选择了难度量值1，自然语义类型手势较多，共出现11种手势，最终选的手势共有7人使用该手势。

水平分析为各任务手势间是否有一致性，不同任务手势类别分布，主要功能手指与其余手势关系。每个任务手势一致度最低在5人以上，最高为11人。92%的手势在生活中都有相关经验，有多个任务都出现同一个手势的情况。通过水平分析得到：

（1）难度值和离散程度呈正相关关系，离散程度低表示多数人对该任务理解一致，生活经验中对这个手势的定义也较为一致，因此在操作这个手势时难度低，离散程度高表示对这个手势理解偏差较大，可能是相关手势较多或是任务指示比较模糊；

（2）自然语义类型手势与离散程度呈反相关关系，自然语义类型占比越高，手势的离散程度越低，因为人们在生活的实际经验中对这个手势理解一致，不存在多重含义，使用场景较多，所以理解也较为一致；

（3）主要功能手指为食指和拇指；

（4）测试用户每个手势的操作次数与任务、难度值、思考时间、操作时间均无关，只与测试用户自身相关；

（5）使用4种不同的标准对手势进行分类，分别是按手势形态来分类、按手势操作任务类型来分类、按手势操作是否可延展来分类、按手势含义来分类。

5.3.5 隐喻设计（Metaphor Design）

修辞学中，把两个在特征上存在某种类似之处的事物，用其中一个事物（喻体）来指代另一个事物（本体）的修辞方式称隐喻。隐喻也是人的一种基本的认知思维方式，它可以帮助人们通过熟悉的事物了解新的事物，通过已有的认知去认识和理解新的、抽象的事物。使用隐喻设计界面时，用户能够比较直观地了解内容和功能。

一个很常见的例子就是计算机"桌面"的隐喻。就像日常生活中的桌面一样，计算机

"桌面"上的内容可以自由摆放，也可以按照规则排列，每个图标都代表一个文件或程序，而文件夹图标则代表文件或者程序的集合。隐喻的优点在于界面元素是用户熟悉的事物（物体或者使用方式），用户的大脑能更轻易地进行推理，从而在界面元素与功能之间建立直觉联系，而不必了解产品真实的运行机制。但需要注意的是，过多的装饰元素会使得界面变复杂，装饰可能会变成噪声，影响用户对有价值内容的阅读和对功能的理解。例如，苹果计算机的垃圾桶，按照用户一般的认知，该"垃圾桶"应该是用来存储暂时不用的文件，必要时可以彻底删除，但是苹果计算机对于退出可移动存储设备的功能的设定是将其拖进垃圾桶，这样很容易让用户产生疑惑，担心会将可移动存储设备中的文件一并删除。

5.3.6 Web 界面风格指南（Web Interface Style Guidance）

界面风格指南是指一套相关预设计元素、图形和规范的集合，其用途是保证负责网站不同部分工作的设计师或开发人员之间保持协调一致，并最终打造出核心化的体验。界面风格指南能够保证不同的页面共同拥有一套核心的体验效果，还有助于保证未来的开发或第三方创作工作不偏离最初的品牌路线，能够与整体品牌风格保持一致。

当多名设计师共同致力于同一大型网站或 Web 应用的设计工作时，务必要保证他们不会过多地根据个人的喜好对工作内容进行阐述或改变、调整风格样式。在开发阶段，预先设定好的网站元素可以让开发人员拿来直接或反复使用。另外，这样还可以减轻开发人员的工作量，因为他们能事前看到需要编写代码的元素，从而对最终成果有一定的预期。为了让开发人员的工作更高效，设计师还应负责设计所有可能要用到的交互内容，如光标悬浮、单击、访问，以及其他按钮、标题和链接等的状态。

案例

在《休闲运动的移动社交行为研究与设计》一文中，作者主要围绕休闲运动人群的社交行为进行研究，对现有社交媒体与运动进行了交叉分析，在此基础上，提取对应的人物角色、场景剧本、需求框架等。最后根据调研结果，结合调研分析出的功能框架，拟定了"寻找用户伙伴"这一主题的应用设计实例，对设计实例进行了功能原型设计和视觉设计，并针对该软件设计做出一系列的界面风格指南。

1. 设计风格

由于是以运动为主题的网站，所以将网站的整体风格定位为活泼、明亮。以高明亮度的蓝绿色为主色调，用户焦点所在处，颜色变成高明亮度的补色红色，页面取色分布如图 5-18 所示。

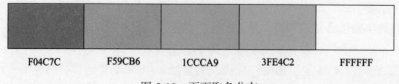

| F04C7C | F59CB6 | 1CCCA9 | 3FE4C2 | FFFFFF |

图 5-18　页面取色分布

信息架构与设计实现（Information Architecture & Implementation of Design）

2．布局

布局尺寸设计说明如表 5-4 所示。

表 5-4　布局尺寸设计说明

设计元素	示例	长 × 宽（像素）
状态栏	●●○○ BELL 🛜　　4:21 PM　　🔵 100% ▬	40×640
导航栏	‹ 🖌　　　　　　⋮	88×640
标签栏	‹　›　🏠　↻	98×640

3．控制元素

控制元素设计说明如表 5-5 所示。

表 5-5　控制元素设计说明

设计元素	示例	长 × 宽（像素）	应用位置
二级功能按钮	🖊 ＋	80×80	主要功能页面中的二级功能，如发布动态、添加好友等
网页常规功能	‹ 🏠	58×58	用于微信内置网页通用功能，如返回、主页、刷新等
小型功能或数据	💬 ♡ ✕	50×50	用于小型的功能或者数据释义，如评论、删除、人气等
辅助释义图标	📍 🚶 🔍	35×30	用于释义的图标
大头像	🐱	147×147（包括外边框 6 像素）	用于主要的头像
小头像	🐱🐱	90×90	用于列表的头像

5.3.7　布局设计（Layout Design）

布局设计通常离不开使用的设备，硬件屏幕尺寸的变化意味着相同的功能模块需要根据用户操作习惯的不同做出相应兼容适配性的改变。表 5-6 以手机端布局为例介绍移动设计中的布局类型及特点。

表 5-6　移动设计中的布局类型及特点

类型	描述	布局样式
竖排列表	竖排列表是最常用的布局之一。一般，手机屏幕的列表是竖屏显示的，文字是横屏显示的，因此竖排列表可以包含比较多的信息。列表长度可以没有限制，通过上下滑动可以查看更多内容。竖排列表在视觉上整齐美观，用户接受度很高，常用于并列元素的展示，包括目录、分类、内容等	▭▭▭

（续表）

类型	描述	布局样式
横排方块	横排方块是把并列元素横向显示的一种布局。我们常见的工具栏、TAB、Coverflow 等都采用这种布局。受屏幕宽度限制，它可显示的数量较少，但可通过左右滑动屏幕或点击箭头查看更多内容，这些操作需要用户进行主动探索。它比较适合元素数量较少的情形，当需要展示更多的内容时，竖排列表则是更优的选择	
九宫格	九宫格是非常经典的设计，展示形式简单明了，用户接受度较高。当元素数量固定不变，为 8、9、12、16 时，则适合采用九宫格。虽然它有时给人以设计老套的感觉，不过它的一些变体目前比较流行，如 METRO 风格，一行两格的设计等	
TAB	采用 TAB 可以减少界面跳转的层级，可以将并列的信息通过横向或竖向 TAB 来表现。与传统的一级一级的架构方式相比，此种架构方式可以减少用户的点击次数，提高效率。当功能之间联系密切，用户需要频繁在各功能之间进行跳转时，TAB 布局是首选	
多面板	多面板的布局常见于 PAD 终端，手机上也会用到。多面板很像竖屏排列的 TAB，可以展示更多的信息量，操作效率较高，适合分类和内容都比较多的情形。它的不足是界面比较拥挤	

此外，还有手风琴、弹出框、抽屉 / 侧边栏及标签式的布局，由于篇幅所限，这里不再详述。

案例

案例来自 UXLab 2012 年云社区设计项目，项目的目标是建立基于遥控器设计数字电视界面用户行为规范。在交互设计阶段，项目组设计了包括交互电视端、Web 端及手机端三种呈现形式。在界面设计之前，项目组对每个终端的布局版式设计进行了详细的设定。

图 5-19 为首页版式布局划分，每部分的说明如下：

1 部分为一级导航菜单区域；

2 部分为广告位区域；

3 部分为天气位区域；

4 部分为标题栏（logo 也在该区域显示）；

5 部分为操作提示栏（包含时间显示、新通知滚动提示）。

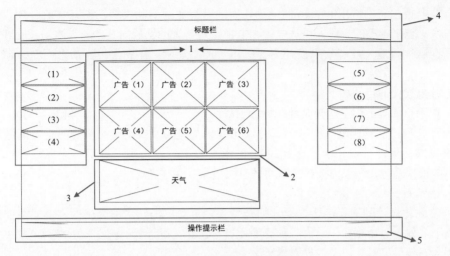

图 5-19　首页版式布局划分

　　每部分的内容进行界定后，设计师还需要给出每块布局的位置大小，首页布局如图 5-20 所示。

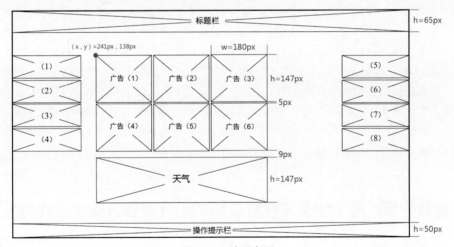

图 5-20　首页布局

5.3.8　动态效果设计及音效设计（Dynamic Effect Design & Sound Design）

　　动态效果设计，有时也称为 Motion Graphic Design，即运动图形设计。严格意义上讲，运动图形设计是动态效果设计里一个细分的风格，但由于它极具代表性且作品数量众多，在一些专业人士的定义里两者逐渐趋同。动态效果设计是遵循平面设计的原则和视听语言，用视频或动画技术创作出一种动态影像的设计形式。常见的应用是电影的片头、片尾，广告末尾的标志

111

动画，以及电视包装中常用的 logo 演绎等。而随着行业的不断发展，动态效果设计涉及的领域逐渐增多，越来越多的从业人员从电影、电视这些传统的领域向其他新媒体领域发展，这其中就包括互联网行业。动态效果设计主要应用于产品展示、品牌建设、动态原型、趣味性应用等。

动态效果设计的目的如下。

（1）在用户体验上为了达到某种目标的引导。

早期互联网产品动画较少时，大部分动态效果都是为了解决某个具体的交互问题而存在的，有很强的目标性。如 iOS 系统上 Book 的翻页效果，因为用户对手势翻页没有很好的认知，且不能很快适应，所以需要模拟真实的翻书效果让用户适应。

（2）让界面更灵动活泼。

因为扁平化设计的流行，所以设计师开始采用更简单的元素去突出内容。但是如果只是纯粹的扁平，就会显得粗糙，给人一种界面死板、没什么设计感的感觉。所以为了解决这个问题，使用动态效果可以让扁平的界面更活泼。

在动态效果设计中，转场动态效果是为了使不同界面切换得更加平滑顺畅，或暗示给用户一种新的可用手势操作的方式。一般而言，转场动态效果在 App 中可给用户指引方向，防止用户"迷路"。

音效设计是一种和声音相关的研究、设计过程。在该过程中，声音被看成传递信息、含义及交互内容的重要渠道之一。音效设计是交互设计和声音处理的交叉学科。在语音交互设计中，声音既可以作为过程的展示，又可以作为输入的中介，达到调节交互的目的。

在封闭环境下的交互中，用户的听觉和行动有紧密的连接关系。用户操控一个发出声音的界面，声音的反馈亦影响用户的操控，在用户的直觉和行动间有紧密的连接关系。听声音不但可能激发用户产生一种心理符号，也可能会让用户为自己的反应做准备。声音的认知符号可能和行动计划模式相联系，声音也能为用户提供进一步反应的线索。音效交互同时具有影响用户情感的特点，声音品质是否良好将决定用户的交互是否愉快，操作的困难程度亦影响用户的操控感。

5.4　综合案例：基于触屏电视会议系统设计项目原型设计与界面设计

1. 项目前期阶段

1）项目背景

项目的客户是一家做交互智能平板的公司，以可进行屏幕触摸操作的触控电视、计算机一体机为实现载体，集成了高清显示、电子白板、计算机、电视、音响，通过搭配交互软件与人性化的触控体验，可为会议提供优秀的交互智能平台。为了提升用户体验和完善系统功能，该公司委托项目组成员设计研发可搭配该会议系统的交互软件。

2）前期资料调研

在项目开展之初，项目组成员需要先对这个会议系统进行深入的了解，对会议系统的相

信息架构与设计实现（Information Architecture & Implementation of Design）

关产品进行调研分析。根据调研结果，项目组成员完成了《相关产品设计调研分析报告》。报告主要分析了目前市场上产品的主要功能、优势产品的产品线分布、主要市场分布，以及各产品的主要业务。在报告的最后，结合会议系统自身的硬件特点，项目组将它定位于面对中小型企业的会议系统，是基于白板的、面向本地会议和远程会议的会议系统。除此以外，项目组成员还对会议系统相关的产品进行了使用体验。

　　3）功能定位与使用场景设计

　　通过调研，项目组成员对市面上会议系统包含的功能和场景进行了总结，并对其进行了归纳和分类，得出相关的归纳结果，会议系统功能模块见图 5-21。

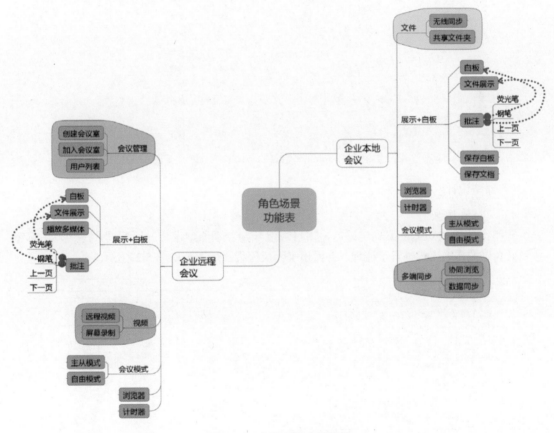

图 5-21　会议系统功能模块

　　项目组成员结合会议系统的硬件特点，将它的使用场景范围缩小到了会议室会议。经过最终的市场定位细分，将会议系统最终确定为应用于中小型企业的本地会议系统和远程会议系统。

　　在功能确定以后，项目组成员进行了场景角色确定和功能框架确定。图 5-22 为使用 mindjet 绘制的会议系统功能框架图。

图 5-22　使用 mindjet 绘制的会议系统功能框架图

2．原型设计

1）原型流程设计

当整个系统的功能框架确定好后，项目组就开始着手原型设计。原型设计之初，项目组成员对会议的实施流程进行了梳理，并做出了会议流程泳道图，如图 5-23 所示。

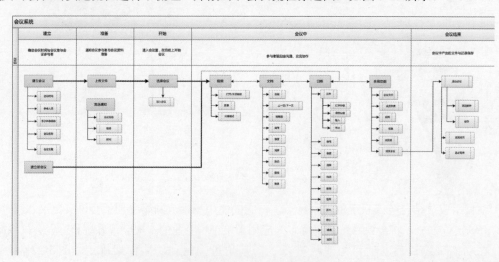

图 5-23　会议流程泳道图

从图 5-23 中我们可以看出，会议的流程分为建立、准备、开始、会议中、会议结束 5 个阶段。在会议流程泳道图中，给出了每个阶段用户可以使用的功能。我们可以由此明确整个产品功能的使用流程。

2）原型界面设计

（1）原型设计。

此时相当于已经基本确定了产品的信息架构、功能、流程（不排除后面有修改的可能性），项目组成员需要制作原型，在表现层将这一系列设计以统一的、有逻辑的整体形式展现出来。根据会议的流程和信息架构的修改，项目组进行了多次会议系统原型设计，并经过了多次迭代。

原型的迭代包括从低保真原型到高保真原型的迭代过程，低保真原型包括纸上原型、实物模型、线框原型等，高保真原型与低保真原型相比，更接近产品的最终形态。在原型迭代的过程中，可用性测试贯穿其中，每次可用性测试的重点和目的都会有所调整，包括功能模块设置的合理性、页面元素的布局等。每次在可用性测试中发现的问题和得到的反馈都为接下来的原型修改和设计提供了具体的方向。

（2）界面流程设计。

界面流程设计实际上是产品主要使用流程的一种展示，界面流程图又称 OP 图，由界面原型图和简单的文字线条组成。项目组成员在绘制界面流程图时可以梳理好用户操作和页面跳转之间的关系。当然，随着前期流程架构和原型界面的修改，界面流程也可能发生相应的变化。图 5-24 是会议系统总流程。

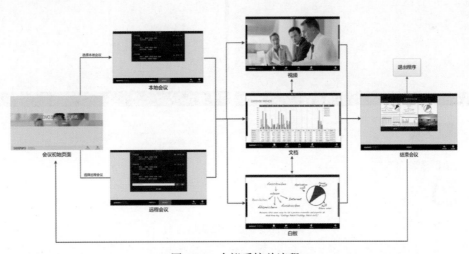

图 5-24　会议系统总流程

在高保真模型出来以后，项目组成员把该产品的整个界面使用流程梳理出来，形成一个完整的路径说明，这是对项目初期产出的会议系统总流程图的后期细化、深入。

图 5-25～图 5-27 为本地会议流程操作路径说明，图 5-25 为本地会议流程，图 5-26 和图 5-27 展示了查看会议文档的操作过程。

1.1 开始一个本地会议

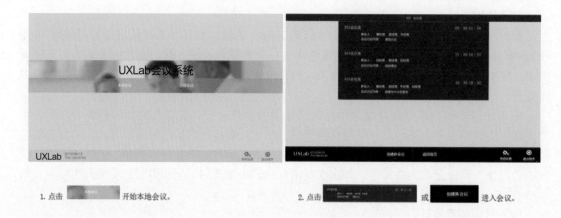

1. 点击 ▭ 开始本地会议。　　　　　　2. 点击 ▭ 或 创建群会议 进入会议。

图 5-25　本地会议流程

1.2 文档

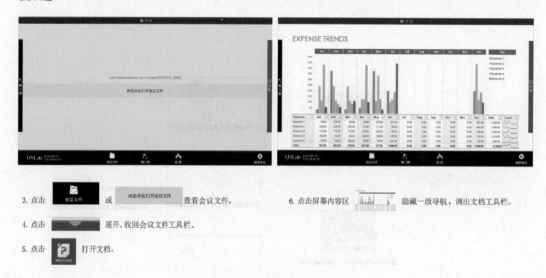

3. 点击 会议文件 或 点击此处打开会议文件 查看会议文件。　　6. 点击屏幕内容区 ▭ 隐藏一级导航，调出文档工具栏。

4. 点击 ▭ 展开、收回会议文件工具栏。

5. 点击 ▭ 打开文档。

图 5-26　查看会议文档（1）

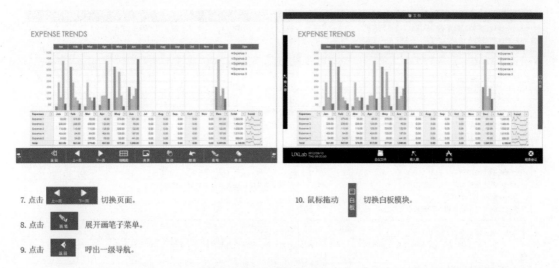

7. 点击 [◀ ▶] 切换页面。

8. 点击 [画笔] 展开画笔子菜单。

9. 点击 [◀] 呼出一级导航。

10. 鼠标拖动 [白板] 切换白板模块。

图 5-27　查看会议文档（2）

（3）观察验证及可用性测试。

针对最后产出的原型，项目组还进行了一轮（会议行为的）观察验证及可用性测试，并对其中产生的问题进行了修正。图 5-28 分模块逐一分析了测试问题，图 5-29 对测试中的问题进行了汇总。

会议开始　问题类型	页面	人数	解决办法
加入会议输入的是什么			用板的 ID 作为会议号
加入会议的取消有无必要，下面已经有三个可以跳转的选项了			
会议的 ID 与共享文件夹的名称的对应关系要明确		2	会议 ID 下的子文件夹
要不要有一个邮件功能通知会议			有一定难度，要加入信箱功能
会议名称输错了怎么办，是否加入提示		2	加入会议弹出提示
快速开始时，用户列表和视频权限都没有用处，应该去掉		2	无法使用的权限应当变灰
有没有会议密码的设定		2	在建立会议时设定会好一些，临时会议可以没有。加入会议后如果有密码，给出弹出框要输入密码
会议名称是否会有重合			板的 ID 作为会议名称，不会有重合
会议名称用平板 ID 不合适，可以改为会议的公司或地点			平板 ID 会与会议室名称有一定的对应关系
加入按钮放在会议列表里			都可以
显示多少个会议信息才合适			优先显示当前最近会议的详细信息
可以开放提前加入会议的时间			可以全部开放，时间段只提示，而不是强制作用

会议等待　问题类型	页面	人数	解决办法
结束会议按钮出现在会议等待页面是否合理			每个角色的效果不同，参会者显示退出会议，而主控显示结束会议
为什么不一开始就设置好权限			默认发起会议的为主持人
中途有人加入会议怎么办		3	有一个用户列表附近的气泡，淡入淡出表示有人中途加入。需要一个提示
如果中途有人加入会议，等待界面还有没有意义		2	确认就位，等待开始，还是有意义的
下方栏该不该在等待开始界面就出现			有必要

图 5-28　分模块逐一分析了测试问题

文档 问题类型	页面	人数	解决办法
进入文档后,文档的位置不容易找到,能不能有更明显的找文档的方式。空白太多,不知道文件放在哪,应该直接把文件夹展示出来,减少点击的次数		5	将文档平铺在上面,打开本地文件的按钮平铺在上面
画笔和画笔调整要不要合并		2	Sketchbook 的调整方式会好一些
有没有笔的选择(荧光笔、硬币、软笔)			可以有
修改完了文档之后如何保存			只保存批注的内容
已在文档面板却不知道,没有相关提示		2	上方已经有提示
白板和文档的视觉区别不大,容易混淆			视觉界面上做出区分
打开一个文档之后再打开另一个文档,之前的文档希望没有关掉,以便切换查看		2	可以进行切换而不是关闭
点击文件打不开,拖动有些隐蔽		2	最好点击也可以打开
播放文件时需不需要关闭文件的功能			可以有,或者在后台运行
不让别人批注的功能			
一次打开多张图片可以进行浏览的功能		4	类似于图片浏览器的功能,可以直接翻页
上下的手势播放 PPT		2	
希望批注的文件可以直接保存到共享文件夹中,而不是标记后就没有了			
文档画笔颜色要依据 PPT 的背景而定			已经解决
PPT 已有自定义的缩略图,是否还需要有另外的缩略图			采用内嵌式的话要重新设计
文档的工具栏和 PPT 原有的工具栏是否会有冲突			内嵌式的没冲突
播放 PPT 时如何关掉 PPT			需要解决,如何关掉 PPT
选择和撤销的位置问题,撤销应该放在最边上,防止误点问题			

图 5-28 分模块逐一分析了测试问题(续)

使用中的不便

1. 计算机会休眠。
2. 拔出 VGA 后白板直接黑屏显示无信息。
3. 使用笔记本连白板进行讨论时,不能切换操作人。
4. 放大和缩小不能方便地到达合适的大小。
5. 不能让大家看到会议记录的内容。
6. 座位设置不是正对平板,侧身观看屏幕较为不便。
7. 平板摄像头悬挂位置较高,需要仰头才能看清楚。
8. 主持人担心对方听不清楚声音,下意识地下倾身体对音频设备讲话,导致讲话的同时无法观察屏幕。
9. 音频设备接线稀疏,导致接线悬空,可能会阻碍人员走动。
10. 缩小屏幕,使用两根手指缩小,出错(留下画笔痕迹)不能及时找到缩小选项。
11. 保存白板路径不明确。
12. 保存白板为图片,只能保存当前页面。
13. 白板圈选没有反馈。
14. 右侧 USB 接口难找。
15. 书写字迹不工整,不利于记录。
16. 架子碰到腿。
17. 在打开数量较多的文件间进行切换时,底栏文件查找略有困难。
18. 多人口述,一人操作计算机不方便。
19. 通知开会使用的是电话。

图 5-29 对测试中的问题进行了汇总

信息架构与设计实现（Information Architecture & Implementation of Design）

可改进的地方

1. 将连接 VGA 嵌入会议系统中。
2. 会议中的文档修改。
3. 会议记录功能。
4. 设定几个常用的放大数值，并且能够与会议室的空间联系起来。
5. 插拔 VGA 时更好的过渡方式。
6. 加入时间显示。
7. 白板、会议纪要的快捷保存。

交互方式

1. 在使用 easimeeting 的会议中，使用最多的功能是画笔、橡皮擦、漫游。
2. 在使用橡皮擦时，常用的手势是"圈除"，即将要删除的内容用笔圈选。
3. 在使用交互白板的会议中，主讲人多站在交互白板两侧，写字时站在交互白板正前方，而在空闲时会坐回自己的座位参与讨论。
4. 在使用交互白板的会议中，多使用笔来与屏幕交互，极少直接使用手指。
5. 较多地出现使用漫游功能拖动白板的动作，按住屏幕进行拖动，通过这个功能来浏览之前记下的内容。
6. 在出错的时候，大部分人寻求撤销的功能。
7. 当要大幅度缩小/放大时，用笔高频率点击缩小/放大按钮。

图 5-29　对测试中的问题进行了汇总（续）

（4）原型确定。

经过多次的修改和细节完善，项目组成员最终结合界面元素设计出了会议系统高保真原型。图 5-30～图 5-33 为会议系统的高保真原型，除了有设计效果图，还有针对每个效果的设计说明，包括首页高保真原型、远程会议选择页面说明、用户角色权限说明和会议系统白板页面。

首页

会议初始页面中央设置了本地会议和远程会议两个选项。选择本地会议，可以进行本地白板的文档、白板会议，而不使用视频功能。选择远程会议，可以进行多个白板之间的互动会议，能够使用视频、白板、文档三个功能模块。
界面的下方放置了UXLab产品标识、时间、系统设置和退出程序按钮。

图 5-30　首页高保真原型

远程会议选择页面

顶部状态栏，显示会议名称。主体会议选择栏显示会议列表，列表中内容包括建立会议人所使用的会议名称、参会人信息、会议讨论内容、会议时间等信息。

会议列表下方是会议名称输入栏，用于填写会议列表中没有显示出来的临时会议白板名称，用户得到会议名称后，可以通过手写输入或键盘输入方式输入会议名称，加入会议。

下方中间设置了创建新会议按钮，用于创建一个新的远程会议。选择返回首页，可回到会议初始页面。

注：以上功能是在考虑了有外接会议管理系统的情况下设计的，如果没有会议管理系统，会议列表将不会存在，只会保留会议名称输入栏和加入会议按钮。

图 5-31　远程会议选择页面说明

权限与身份说明

建立会议人
使用建立会议的平板进行操作
具有全部操作权限

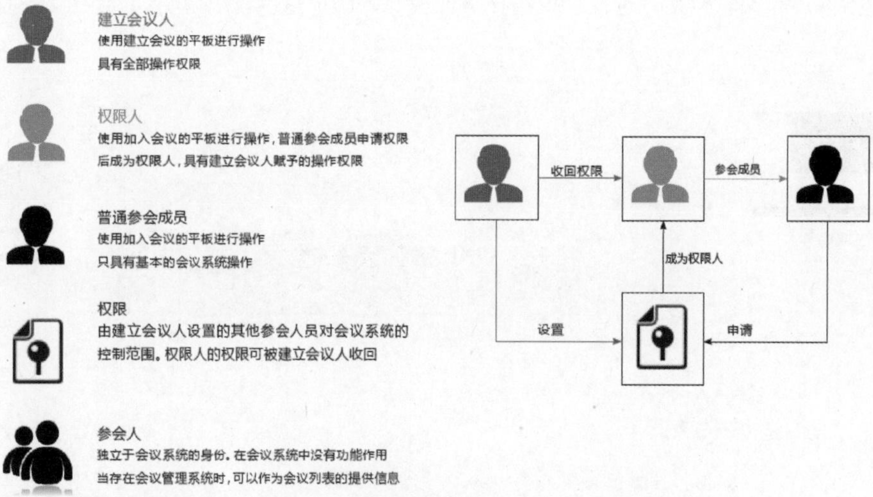

权限人
使用加入会议的平板进行操作，普通参会成员申请权限
后成为权限人，具有建立会议人赋予的操作权限

普通参会成员
使用加入会议的平板进行操作
只具有基本的会议系统操作

权限
由建立会议人设置的其他参会人员对会议系统的
控制范围。权限人的权限可被建立会议人收回

参会人
独立于会议系统的身份。在会议系统中没有功能作用
当存在会议管理系统时，可以作为会议列表的提供信息

会议系统中设置了三种控制身份：建立会议人、权限人、普通参会成员。

图 5-32　用户角色权限说明

信息架构与设计实现（Information Architecture & Implementation of Design）

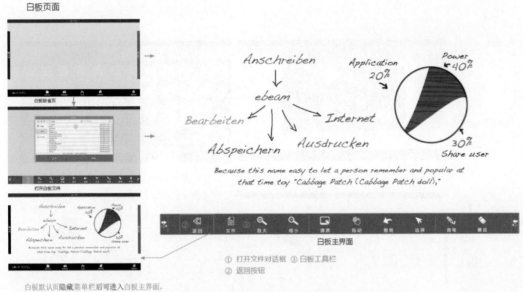

白板默认页隐藏菜单栏后可进入白板主界面。
白板主界面下方设置了白板工具栏，包含了文件、放大、缩小、清屏、拖动（漫游）、撤销、选择、画笔、橡皮、返回、镜像功能。
文件：用于打开和保存 WB 文件。插入、导出图片。　　　选择：选择图片、笔迹内容。

图 5-33　会议系统白板页面

3）交互原型

在原型设计中，除了需要确定好界面的视觉元素，还要对动态效果、音效设计等有所思考，定义好产品和用户的交互动作，力求提高产品的用户体验。

基于会议系统交互平板的手势特点和 Windows 8 的手势功能，项目组进行了会议系统手势定义，如图 5-34 所示。图 5-35 和图 5-36 是会议系统操作手势设计的具体说明（部分）。

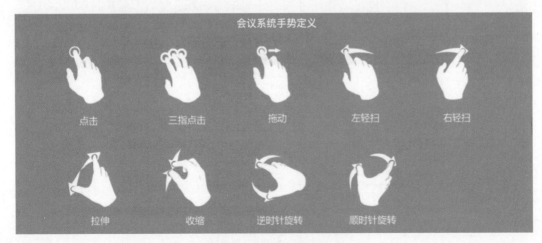

图 5-34　会议系统手势定义

手势

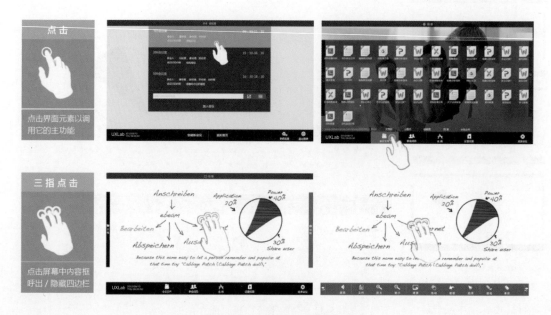

图 5-35　会议系统操作手势设计（1）

手势

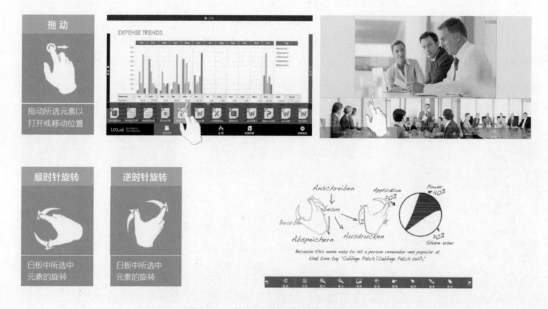

图 5-36　会议系统操作手势设计（2）

信息架构与设计实现（Information Architecture & Implementation of Design）

4）HTML 原型

在原型制作的最后一个阶段，项目组成员根据最后定型的原型框架制作出了可交互的 HTML 原型，如图 5-37 所示，并再次进行用户测试，检验整个产品的使用流程以及存在的问题。

图 5-37　HTML 原型

3. 界面设计

1）界面风格定位

在界面风格设定之前，项目组成员先对同类产品进行参考分析，归纳出同类优秀产品的界面风格特征趋同点。这时候，与客户的沟通交流也显得尤为重要，客户的需求很大程度上是针对目标用户而提出的。

项目组根据对交互平板市场的调研分析以及会议系统的功能定位，挑选出了如图 5-38 所示的以"现代化与空间感""国际化与商务化""轻盈的"等关键词为元素的设计素材作为会议系统界面风格定位参考。

2）界面版式布局

在进行界面版式布局之前，项目组成员先查询了产品配套的硬件屏幕尺寸，这是对界面版式布局很重要的影响因素。在进行界面版式布局时，项目组成员先从众多界面版式布局类型中（如九宫格、TAB、多面板、弹出框等）选出一种或多种合适的界面版式布局类型，再在此基础上对功能模块进行位置安排，记录各区域、按钮形状的尺寸。界面版式布局应该是与用户的高效操作有所联系的，图 5-39 为系统首页的界面版式布局，图 5-40 和图 5-41 分别为会议文件页面的界面版式布局和工具栏的界面版式布局，考虑到大屏及触屏等关系，主要的操作都集中在屏幕下方的位置。

图 5-38　会议系统界面风格定位参考

图 5-39　系统首页的界面版式布局

信息架构与设计实现（Information Architecture & Implementation of Design）

图 5-40　会议文件页面的界面版式布局

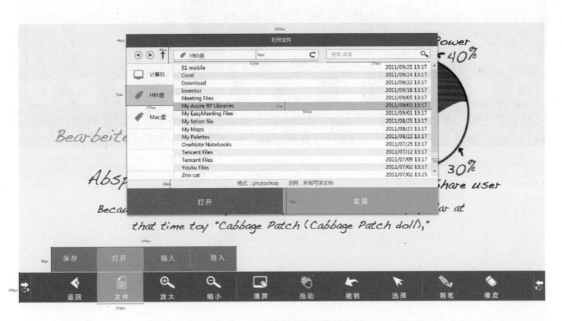

图 5-41　工具栏的界面版式布局

3）界面元素

界面元素包括字体、配色、按钮形状等一系列视觉元素，设计师应该先对这些元素进行规范说明，最好形成一个说明文档，使整个产品界面风格的最终效果始终保持和谐、统一，避免负责不同部分视觉效果的设计师根据自己的喜好设计，从而令界面风格"五花八门"。在本项目中，每个设计界面都附有详细的设计规范，包括字体类型、字体大小、字体颜色、图标颜色、背景色等内容，以便交接到开发的同事进行相应工作。图 5-42 ～图 5-45 列举了主页面、工具栏、列表框、权限设置几个典型页面的界面元素设计情况，图 5-46 为设计中所用的所有图标列表。

	字体	字大小（点）	字体颜色	图标颜色	背景色	背景色（选中）
顶部状态栏	微软雅黑	22 浑厚	4acbeo	4acbeo	000000（85%）	
左右拖动控件	微软雅黑	22 浑厚	ffffff			D61f47
底部应用栏	微软雅黑	22 浑厚	ffffff	ffffff	000000	D61f47
时间日期	Helvetica Neve	20	ffffff			
子菜单	微软雅黑	22 平滑	ffffff	图片	000000(70%)	4acbeo(80%)

图 5-42　主页面

信息架构与设计实现（Information Architecture & Implementation of Design）

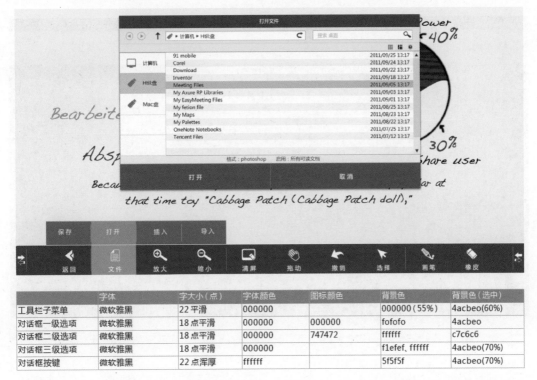

	字体	字大小（点）	字体颜色	图标颜色	背景色	背景色（选中）
工具栏子菜单	微软雅黑	22 平滑	000000		000000 (55%)	4acbeo(60%)
对话框一级选项	微软雅黑	18 点平滑	000000	000000	fofofo	4acbeo
对话框二级选项	微软雅黑	18 点平滑	000000	747472	ffffff	c7c6c6
对话框三级选项	微软雅黑	18 点平滑	000000		f1efef, ffffff	4acbeo(70%)
对话框按键	微软雅黑	22 点浑厚	ffffff		5f5f5f	4acbeo(70%)

图 5-43　工具栏

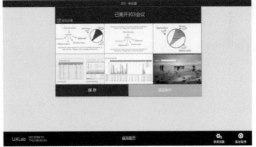

	字体	字大小（点）	字体颜色	图标颜色	背景色	背景色（选中）	字体颜色（选中）
主要信息	微软雅黑	27 浑厚	4acbeo		000000(85%)	4acbeo(70%)	ffffff
次要信息	微软雅黑	22 点平滑	000000		000000(85%)		ffffff
按键	微软雅黑	27 浑厚	000000		000000(85%)	4acbeo(60%)	ffffff

图 5-44　列表框

127

	字体	字大小（点）	字体颜色	图标颜色	背景色	背景色（选中）
标题	微软雅黑	27 平滑	4acbeo		000000(70%)	4acbeo
子选项	微软雅黑	22 平滑	ffffff		000000(70%)	4acbeo

图 5-45　权限设置

图 5-46　设计中所用的所有图标列表

⓿❻ 设计评估与用户测试
（Evaluation of Design & User Testing）

在交互设计中，虽然一切可视化设计都建立在前期调研所得到的用户需求上，但难免掺杂着设计人员的主观因素，为了使最终的设计更适合市场趋势与用户期望，我们需要对设计的原型进行测试、评估。借助一系列评估指标体系，我们可以对可用性测试结果进行度量（包括定量的指标和定性的指标），不同的指标可衡量产品或服务的不同方面，如易用性、可用性、愉悦感等。我们还可以邀请用户来进行测试，帮助我们一起评估设计原型。

6.1　商业

当产品或系统设计初具雏形之后，为了使设计符合在项目前期确定的市场策略，需要借助一些方法，邀请专家对设计进行评估和检视，这一过程可以在原型设计阶段就展开，方便产品设计迅速迭代。

6.1.1　启发式评估（Heuristic Evaluation）

可用性专家使用预定的一系列标准来衡量一个设计的可用性，而启发式评估则是一个可以用来解决可用性问题，非常迅速且低成本的方法。

启发式评估有十条可用性原则，这十条原则又称尼尔森（Nielsen）的启发式方法。内容主要包括：系统状态可视性，系统与真实世界相符，用户的控制权和自主权，一致性与标准化，帮助用户识别、诊断和修复错误，预防错误发生，依赖识别，而非记忆，使用的灵活性和有效性，美观精练的设计，帮助及文档。表6-1为启发式评估的参照体系表，可以对照查看基本指标。

通过多年来运用启发式评估方法，我们发现它具有一些需要特别留意的地方。

（1）每个评估人员平均可以发现35%的可用性问题，而5个评估人员可以发现大约75%的可用性问题。

（2）既具有可用性知识，又具有和被测产品相关专业知识的"双重专家"的评估结果是最有效的，其可以比只有可用性知识的专家多发现大约20%的可用性问题。

（3）评估人员不能简单地说他们不喜欢什么，必须依据可用性原则解释为什么不喜欢。

（4）在每个人的评估都结束之后，评估人员才可以交流并通过分析独立的报告综合得出最后的报告。

（5）在报告中应该包括可用性问题的描述、问题的严重度和改进的建议。

（6）启发式评估是主观的评估过程，带有太多的个人因素，因此，评估人员应试图从用户的角度出发。

表 6-1　启发式评估的参照体系表

分类	基本指标	描述	Nielsen 原则
流程性 / 页面性指标	可识别性	用户可以看见和发现相关信息，并将该信息和其他信息区分开来	依赖识别，而非记忆
	可理解性	用户理解该信息的内容，用户理解的信息和真实世界的信息、逻辑保持一致，容易学习	系统与真实世界相符
	可操作性	用户可以进行正确操作	预防错误发生 帮助用户识别、诊断和修复错误
	灵活 / 容错性	用户可以自由选择合适的操作方式，允许用户出错，可以撤销返回	用户的控制权和自主权 使用的灵活性和有效性
	反馈	用户知道自己完成了相关操作	系统状态可视性
	视觉与体验	评估产品的外观、色彩、风格、质感等方面的视觉体验	美观精练的设计
	帮助信息	有帮助信息，利于检索，可以理解的帮助信息	帮助及文档
整体性指标	操作一致性	相似的操作方式	一致性与标准化
	视觉一致性	相似的外观、色彩、风格、质感等	一致性与标准化
	文案一致性	相似意义	一致性与标准化
	继承性	和过去的版本具有共同特征	一致性与标准化
	习惯	用户可以根据现有的习惯或标准化模式进行操作	系统与真实世界相符

案例

案例来自 UXLab 2008 年对某一款竞速类悠闲网络游戏进行的可用性测试，竞速类悠闲网络游戏指的是《跑跑卡丁车》《QQ 飞车》一类的，在国内流行的网络游戏。这一类型的游戏以轻度玩家为主，玩家往往是在闲暇的时候获得轻松的游戏乐趣。《菲迪彼德斯传奇》是广州某软件公司在 2008 年开发的一款竞速类悠闲网络游戏，现已停运。该游戏以马拉松为题材，提供多人在线竞技的平台。该游戏提供了多人在线游戏、交友聊天、虚拟形象打扮等功能。项目组优先考虑能提高游戏乐趣的因素来对游戏进行测试和评估。我们依次进行了用户测试和启发式评估，并对两种测试的结果进行了比较分析。在启发式评估的过程中一共发现了 72 个问题。按照表 6-2 的格式记录下问题的详细描述、问题的严重程度和改进建议。

表 6-2　启发式评估问题分析节选

问题 2	获得 M 币时的提示信息文字太小，难以看清，而且不能给人兴奋的感觉
问题的详细描述	如图中的"获得 1M 币"的字体，玩家反映字太小，很难看清，而且呈现效果单一，不能给人兴奋感
问题的严重程度	2 个评估人员选择了等级 4；5 个评估人员选择了等级 3；3 个评估人员选择了等级 2
改进建议	修改获得 M 币的提示字体、颜色和大小； 可以用弹出的效果来显示字体； 可以结合道具提示，在头顶弹出金币，金币中间标识 M 币数目

6.2　信息

在设计评估阶段，设计团队需要与用户一起来评估对设计产品的感受，倾听最终用户的真实反馈。此时，设计人员除了口头询问用户对产品的具体意见及建议，还可以借助一些设备或工具来采集用户在测试中留下的信息，包括用户使用产品的行为、用户细微的表情变化、生理数据的变化等，以便更为客观地衡量测试的结果。

6.2.1　眼动仪测试（Eye Tracking Testing）

眼动包括注视与眼跳两种基本运动，通过圆圈与线段可表示眼动轨迹。图 6-1 为眼动测试原理。

目前，市面上的眼动仪多运用红外线捕捉角膜和视网膜的反射原理，来记录用户的眼动轨迹、注视次数、注视时间等数据，以确认用户在测试过程中注意力的变化路径及注意力的焦点。

眼动仪可以通过图像传感器采集的角膜反射模式和其他信息计算出眼球的位置和注视的方向。结合精密、复杂的图像处理技术和算法，可以构建出一个注视点的参考平面图。

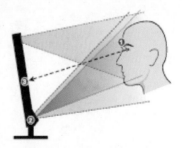

眼动具有一定的规律性，可以揭示人们认知和加工外界信息的心理机制，因此，研究人的眼动具有重大的意义。目前，

图 6-1　眼动测试原理

眼动研究成果已经在心理研究、可用性测试、医疗器械设计和广告效果测试等众多领域发挥着重要作用。在软件和页面可用性研究中，我们可以记录、分析用户在执行任务操作时的视线是

否流畅、是否会被某些界面信息干扰等。

使用眼动仪的作用如下：

- 获悉用户浏览的行为和习惯；
- 帮助研究人员分析与澄清问题；
- 眼动图是优质的研究结果展示工具，起到良好的信息传达作用；
- 有利于创建高效的页面布局。

眼动仪测试指标如下。

（1）注视热点图：用不同颜色来表示用户对界面各处的不同关注度，从而可以直观地看到用户最关注的区域和忽略的区域等。

（2）注视轨迹：记录用户在整个体验过程中的注视轨迹，从而可知用户首先注视的区域、注视的先后顺序、注视停留时间的长短及视觉是否流畅等。

（3）兴趣区分析：观察用户在每个兴趣区里的平均注视时间和注视点的个数，以及在各兴趣区之间的注视顺序。

案例

案例来自 UXLab 2010 年某宽带卫士的眼动仪测试项目，旨在评估"宽带卫士"系统的可用性及需求的达到程度。眼动仪客观的测试结果能揭示用户在理解和使用产品时所遇到的困难所在，以及那些用户较容易成功完成任务的方面。图 6-2 为男性用户在查看"启动项管理"页面时的眼动原始数据，图 6-3 为我们对兴趣区及基本数据的处理情况。

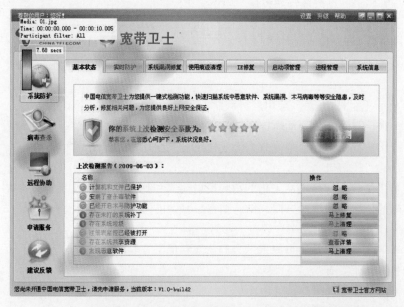

图 6-2　男性用户在查看"启动项管理"页面时的眼动原始数据

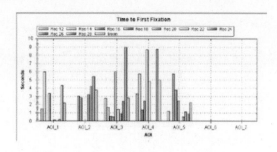
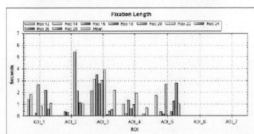
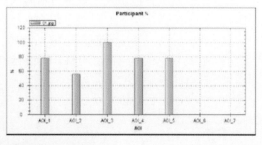

图 6-3　兴趣区及基本数据的处理情况

6.2.2　心理生理测试（Psychophysiological Testing）

心理生理测试是一种通过研究身体提供的信号并借此深入了解心理生理过程的方法，近年来越来越多地应用在游戏研究领域。例如，Hazlett 等人曾使用面部肌电图（EMG）作为交互式体验中积极和消极情绪效价的量度。他们邀请 13 名男孩在 Xbox 平台上玩赛车视频游戏，同时收集他们的面部肌电图数据，通过视频回顾确定游戏过程中的正面和负面事件。该研究的结果表明，在具有生理测量的交互式体验期间可以测量正价，同时发现，尽管存在心理努力的混淆因素，但是在高强度互动游戏期间，皱眉肌 EMG 仍然可以测量负价。尽管这次研究的样本量不大，但是支持心理生理测量在电子游戏研究领域中的应用。其他的研究者们也在游戏设计方法方面做出了努力，他们的研究主要涉及脑电描记、皮肤电反应、心率和面部肌电描记技术，最后给出了在电子游戏背景下运用这些方法的建议。

生理测试在游戏用户体验评价中拥有客观、连续、及时、非侵入、精密度高等特点，但它同时也存在许多局限性，例如，解释生理指标的数据困难，因为大部分心理状态和生理反应之间存在多对一或者一对多的关系；测量生理指标的设备价格昂贵，对设备保修和使用人员的培训投入高；在实验设备和实验阶段需要花费较大的时间和精力等。

当前的心理生理测试技术以关注情感体验的生理唤醒为重心，生理唤醒几乎不受机体主观意志的控制，因此更能客观地反映用户的体验情绪。目前采用的生理指标包括皮质醇水平、心率（HR）、血压（BVP）、呼吸、皮肤电活动（EDA）、瞳孔直径、EMG 等。

6.2.3　模拟器测试（Simulator Test）

通过软件模拟硬件处理器的操作功能和指令系统的程序使计算机或者其他多媒体设备（如平板电脑、手机等）能够运行其他平台上的软件，被模拟出来的这一软件或者其他设备称为模拟器。在驾驶、航空航天、航海、计算机领域，模拟器都很常见，它为这些领域的发展节约了大量的成本。

使用模拟器测试的优点如下：

（1）安全性高，能够安全地进行危险状态下、极限状态下的试验和训练，减少生命和财产损失；

（2）再现性高，容易保证试验条件和参数稳定，并且能够反复进行相同条件下的试验；

（3）容易设定试验条件，与在真实情况中相比，在模拟器中，对于测试工况、设备参数、环境状况等条件的设定较为简单；

（4）容易测定数据和进行分析。

案例

在 2025—2035 年用车服务的概念设计项目中，研究人员提出了车载购物这一概念，并使用了驾驶模拟器对设计成果进行了评估，目的是探知用户对未来汽车购物和顺风车快递的需求是否存在；收集在这一场景下用户对车内人机交互界面设计的体验和感受；分析其中可以改进的部分，以期改善这两大场景下的车内用户体验。

在测试前，针对测试内容，询问表 6-3 中的人机交互界面测试导入型问题，并对参与者进行简单了解。

表 6-3　人机交互界面测试导入型问题

导入型问题：
（1）针对拥有私家车的参与者：一般是什么时候开车？单次开车多长时间？堵车时间多长？堵车时干什么？
针对没有私家车的参与者：出行的主要交通工具是什么？单程需要多长时间？在途中怎么打发时间？
（2）您购物主要采用什么方式？为什么？
（3）您有过在车内进行网上购物的经历吗（是 / 否）？您是在什么样的情况下在车内进行购物的？有什么方便和不方便的地方吗？
（4）您有没有当看到别人穿戴或者路边广告时，产生想要购买的欲望？有的话，您是怎么解决的？
（5）您有过驾车途中必须去实体店购物的经历吗？能描述一下您当时半路决定去购物的情景吗？有什么困难吗？需要绕很远的路吗？如果可以在车内线上购物，有顺风车快递能帮您很快送到家，这种服务您可以接受吗？您会提供这种顺风车快递的服务吗？
（6）您对现在的物流速度（一般为 2～3 天）满意吗？您理想的物流速度是多久到达？
（7）在价钱合适的前提下，您会为了加快物流速度，选择同城购买吗？

在导入型问题询问结束后，介绍驾驶模拟器的使用方式。

在测试正式开始前，参与者需要先了解模拟器的使用方式，无任务状态下在场景中模拟驾驶一段时间，然后再进行正式测试。图 6-4 为模拟器内的测试场景总览图。

测试正式开始时，测试人员向参与者展示模拟器场景并讲解测试任务。

图 6-4　模拟器内的测试场景总览图

测试任务共有两个，分别如下。

任务一：开启低速巡航模式（TJA）

场景描述：您下班开车在路上，经过了一处繁华的商业中心，有些堵车。您按下方向盘上的自适应巡航模式的启动按钮。

HUD 上的自适应巡航显示如图 6-5 所示，一体式大屏显示如图 6-6 所示。

图 6-5　HUD 上的自适应巡航显示　　　　　图 6-6　一体式大屏显示

任务二：关注路人服饰并获取商品信息

场景描述：开启 TJA 之后，您无须时刻盯着路面，手脚也可以适当放松。此时，您看到车外路过一位女士，穿着时髦，她的身材和气质都是自己向往的模样，您盯着她看了几秒，AR-HUD 便锁定了衣服的范围，弹出几个选择项，您通过触摸板的操作选择了目标物，类似款式的衣服信息呈现在显示屏幕上。

选择衣服，并按确定按钮确定，如图 6-7 所示。一体式大屏显示如图 6-8 所示。

图 6-7　确定按钮　　　　　　　图 6-8　一体式大屏显示

表 6-4 为测试任务记录表，工作人员观察参与者的操作行为，记录操作过程并进行相关评价。此次模拟器测试效果较好，反馈的问题相对集中，主要问题和修改内容如下。

表 6-4　测试任务记录表

任务	关注路人穿着并获取商品信息		
任务步骤	(1) 视线跟随路人； (2) 将 AR-HUD 中的信息拉入仪表盘		
目的	对驾驶员识别并选取商品信息的相关人机交互界面设计进行测试		
结束条件	商品信息出现在仪表盘上，判定为任务结束		
起始时间		结束时间	
交互方式	□眼球追踪　□手势交互　□触摸板		
用户行为	□手势抓取　□低头　　□摇头　　□点头　□触屏 □左右摆头　□等待反馈　□请求关闭该功能　其他：		
驾驶操作困难	□不明白怎样激活商品识别　　　　□不知道何时会激活 □激活后不知接下来怎么做 □不知道如何进行按键选择控制　　□不确定是否操作成功 其他：		
任务合理性	任务是否符合您的认知和生活习惯，有没有不合理的地方		
用户期望/建议 （可图示）	界面： 交互方式： 其他：		
评价			

交互方式方面：
方向盘主要作为汽车的驾驶操作，为了不混淆，还是采用触摸板和语音交互。
对触摸板的操作区域做一定的区域划分。纹理触感或者弧形曲面触感有所区别。
增加 HOME 键，一键返回，从操作层退出。
车外和车内的场景互操作，如刹车会与界面的功能信息相通。
基于位置的广告事先询问是否开启。
通过方向盘上的电话按键，进行电话沟通。
界面方面：
不要将功能区域叠加在导航地图上。
需要操作的图标高亮显示。
在进行兴趣点操作时，增加垃圾桶和收藏标志，往左滑动是删除，往右滑动是收藏。
当导航地图和当前的重要的信息弹出后缩小框在左侧。
不要从太深层的界面进入。
地图和购买分屏或者自定义比例大小、权重。
送货的导航地图需要优化，目前不太清晰。

功能方面：

能够识别场景，按驾驶优先，再进行操作指引。

兴趣点过快经过，后台自动收藏。

副驾驶的操作互动问题，考虑别人开车和副驾驶的支付问题。

优化商品的筛选，做到少而精，筛选出贴近用户的商品。

6.2.4　身体风暴（Body Storm）

　　头脑风暴是一种被广泛运用的设计方法，而将头脑风暴的对象转移到身体上的方法，则称为身体风暴。在身体风暴的过程中，结合角色扮演和模拟活动等方法，可以自然地形成体验真实场景的身体原型。这一方法最初源自表演方法，具有动态性、经验性和衍生性。设计人员通过这种方法能够亲身体验到参与者的身体行为，并随着空间和场景的变化密切关注参与者做出的决定、交互式体验反馈和情绪反应。这种方法适用于设计小组内部，也可以扩大范围邀请同行或客户参加，并获得他们的反馈。

　　身体风暴与传统的角色扮演的区别在于，角色扮演的主要目的是亲身体验用户的行为，而身体风暴则更鼓励参与者生成积极的设计理念。除了模拟现有典型产品和环境，身体风暴还可以融入测试理念与方法。身体风暴的卷入度比角色扮演更高，活跃度更强，这将有助于激发参与者的新灵感，获得真实的情景与使用体验，促进新产品和新服务的诞生。

　　身体风暴的道具不需要很复杂，可以直接利用身边与模拟场景相似的道具，可采用故事板体验到部分情景。身体风暴在很大程度上是自发形成的，且提倡即兴捕捉真实世界中的体验。

📖 **案例**

　　在针对汽车购物这一创新性功能进行测试的时候，UXLab 项目组就使用了身体风暴这一自由度较高的方法，目的是发现用户测试中的问题。根据测试中发现的问题，对测试脚本的内容进行修改或调整时间分配，以改善测试内容。

　　进行身体风暴使用的道具包括：汽车购物与顺风车快递的故事板，打印好的纸上原型，计算机和界面原型，带有名称的卡纸，模拟 AR-HUD 的透明纸，模拟汽车、商场、快递箱、快递柜的实物。

　　身体风暴的流程如下。

　　（1）由一名项目外的实验室人员担任被测人员（用户角色），由一名实验室人员负责任务流程的引导，由一名实验室人员饰演另外一个司机，由一名实验人员担任现场的测试记录员。

　　（2）开始时，引导员向被测人员介绍测试故事板，如图 6-9 所示，对功能和场景进行详细描述。测试故事板如图 6-10 所示。

图 6-9　引导员向被测人员介绍测试故事板

图 6-10　测试故事板

　　场景试点演绎过程：A 充当车主用户甲，B 充当车主用户乙，C 负责功能场景的引导并担任车载语音助手，D 充当测试记录员。

　　场景与任务描述如下。

　　您下班在路上开车，经过了一处繁华的商业中心，有些堵车。

　　任务一：您通过车载语音系统说："请打开低速巡航模式"，汽车自动为您开启低速巡航模式，如图 6-11 所示。

图 6-11　开启低速巡航模式

设计评估与用户测试（Evaluation of Design & User Testing）

测试中发现的问题：①由于车在行进，驾驶员向窗外注视，能够看清并锁定商品的时间有限，在特定情况下才能达成，如停车和堵车等情况。②司机与车外行人的距离和移动速度有一定要求。场景试点演绎现场如图 6-12 所示。

这次测试的欠缺之处：用户从看到心仪物品到在车内锁定并确定购买的时间没有用计时器计算。

图 6-12　场景试点演绎现场

任务二：您无须时刻盯着路面，手脚也可以适当放松，您看着窗外繁华的景色和来往的人群。此时，您看到车外路过一位女士，穿着时髦，她的身材和气质都是自己向往的模样，您盯着她看了几秒，AR-HUD 便出现了衣服的图片，您用手势抓取了过来，图片和商品的信息呈现在了仪表盘上，图 6-13 为抓取商品后 AR-HUD 显示的原型。

图 6-13　抓取商品后 AR-HUD 显示的原型

任务三：您点击了自己感兴趣的衣服，仪表盘上周边服务系统里的商品根据您平时的购买习惯自动进行了筛选，您选择了排名中的第一个，并通过手势滑动屏幕，进行翻页、浏览商品详情。选择后出现如图 6-14 所示的 AR-HUD 浏览产品详情设计原型。场景试点演绎现场如图 6-15 所示。

图 6-14　AR-HUD 浏览产品详情设计原型

人脸识别,语音交互购买提示

图 6-15　场景试点演绎现场

任务四:您决定购买该商品,并且想要早点拿到衣服,您点选了同城闪送的功能。在点击确认按钮之后,汽车自动扫描识别脸部,进行人脸识别支付。您收到汽车智能语音提示:已成功支付,支付成功显示原型如图 6-16 所示。

图 6-16　支付成功显示原型

任务五:您收到汽车智能语音提示:尊敬的客人,您好,店家已接到您的订单,马上为您安排闪送。

6.3　设计

6.3.1　认知走查(Cognitive Walkthrough)

在认知走查中,评估者使用流程图或低保真原型评估各种情景运行出错的设计问题。该方法首先要定义目标用户、代表性的测试任务、每个任务正确的行动顺序和用户界面,然后走查用户在完成任务的过程中,在什么方面出现问题,并提供解释。

认知走查一般会提出一系列问题,以达到方法的使用目的,包括:用户能否建立达到任务的目的？用户能否获得有效的行动计划？用户能否采用适当的操作步骤？用户能否根据系统的反馈信息完成任务？系统能否从偏差和用户错误中恢复？

认知走查方法的优点主要是能够使用任何低保真原型，包括纸上原型。但是它的缺点是评价人不是真实的用户，不能很好地代表用户。

认知走查操作步骤如下。

准备：

（1）定义用户群；

（2）选择样本任务；

（3）确定任务操作的正确序列；

（4）确定每个操作前、后的界面状态。

分析：

（1）为每个操作构建"成功的故事"或"失败的故事"，并解释原因；

（2）记录问题、原因和假设。

后续：

消除问题，修改界面设计。

案例

案例来自 UXLab 2012 年商务随行 App 优化项目，主要针对其"在线购物"和"订单管理"两大功能模块进行流程优化设计。该 App 主要用于营业员购买公司对外销售的商品。已有 App 的购买流程与网页版基本上保持一致，从移动设计和使用场景的角度来看显得冗余，项目组对购买流程进行简化并设计出原型，随后利用纸上原型进行专业人员的认知走查，如图 6-17 所示，可用性专业人员通过完成一个或多个任务，发现一些细节或流程方面的问题，逐步检查、改进流程，以符合用户认知。

图 6-17　认知走查

6.3.2　绿野仙踪（角色扮演）[The Wizard of Oz（Role Playing）]

绿野仙踪是从同名童话中得到启发而总结出的方法，包括两部分：一是制造出一个有效系统；二是由研究人员"扮演"系统功能，帮助用户完成任务。此方法的目标不是制作出真正的系统，而是模拟出能让用户真实体验的东西，从而体验并考察制作过程中的设计理念。这一系统应该是经济的、可快速实现并可被任意处理的，它虽然不是真实存在的，但仿真度极高，可以用来实现目标。

在这一过程中，要牢记并贯彻以下三点：

（1）从创意和初期设计的角度来看，重要的是体验过程的真实，而不是原型、草图或技术的真实；

（2）我们可以利用一切来虚构体验；

（3）一般而言，越早进行虚构越有价值。

案例

检验听译器原型最简便的方法就是让项目组成员"扮演"系统的翻译功能，隐藏在屏幕的后面，将耳机采集到的用户的声音信息翻译成文字并呈现在用户的屏幕上。通过这种方法，可以在产品的动态演示原型尚未成型之前就对用户进行测试，以便更快地发现问题，进行原型的迭代。

6.3.3　协同交互（Collaborative Walkthroughs Interaction）

协同交互是基于对用户体验一项服务过程的观察。在此方法中，我们要求用户出声思考，同时执行一个指定的任务，使评估人员能倾听并记录他的想法。两个用户与系统交互的同时，评估人员可以通过更自然的方式取得有效的出声思考结果。

协同交互的优点有：

（1）测试形式比用单一用户进行的标准边说边做测试更自然，因为人们习惯于在共同解决问题时把自己的想法讲出来；

（2）减少用户对周围设备（如录音机等）的意识，创造更加非正式的自然氛围；

（3）在执行任务相同的情况下，协同交互可在更短的时间内获得更多的优质回馈。

图 6-18　协同交互

案例

案例来自 UXLab 2008 年对某一款竞速类悠闲网络游戏进行的可用性测试。《菲迪彼德斯传奇》是多人协同类型的游戏，在用户测试中，项目组安排了协同交互的测试内容，两位玩家需要一起合作完成设置的游戏任务，并在过程中表达自己的想法（如图 6-18 所示）。

6.3.4　贴纸投票（Sticker Vote）

贴纸投票是指把不同的想法和概念做成卡片贴在墙上，讨论组成员每人手中有三到五张贴纸，可将贴纸投给他们支持的想法，最后拥有最多贴纸的卡片就被推选为最好的。为确保每个人不受其他人的影响，投票前要求他们仔细阅读卡片上的内容，然后大家同时一起贴纸。

贴纸投票方法的作用主要有 4 点：

（1）使不习惯于集体参与的成员以静思的方式发表意见；

（2）避免争执和纠纷；

（3）使组员投票时不受他人的影响；

（4）因为操作公平，所以较容易取得一致意见。

📖**案例**

　　案例来自 UXLab 2015 年商场大数据服务平台设计项目。在收集了已有的数据类型和大数据可视化方案后，由项目组的成员对数据呈现方式进行贴纸投票，由此决定使用哪种方式在大屏幕上向用户展现可视化的数据，图 6-19 为数据呈现方式的贴纸投票结果。

图 6-19　数据呈现方式的贴纸投票结果

6.3.5　可用性测试（Usability Testing）

　　可用性测试是基于一定的可用性准则评估产品的一种技术，用于探讨一个客观参与者与一个设计在交互测试过程中的相互影响。通常是由邀请到的用户在原型或者已有成品上执行若干已设定的任务，研究人员根据用户任务的完成情况对原型或产品进行评估。图 6-20 介绍了可用性测试流程，从测试准备到测试后包含 7 个步骤，一般在正式测试前会进行至少一次预测试，一是作为正式测试的预演，二是对测试设计进行查漏补缺。

　　可用性测试包括三个主要组成部分：代表性用户、代表性任务、观察者（观察用户做什么，他们在哪些地方会成功，哪些地方会遇到困难，这些都让用户发言）。

　　通过招募有代表性的用户来完成产品的典型任务，然后观察并记录下各种信息，界定出可用性问题，最后提出使产品更易用的解决方案。

　　可用性测试的作用有以下 3 方面。

　　（1）获取反馈意见，以改进设计方案。

　　（2）评估产品是否实现了用户和客户机构的需求目标。

　　（3）为提高产品的质量提供数据来源。产品面向市场后，为了适应变化的用户需求，必须对产品进行不断的调整，而可用性测试则能够通过收集各种数据以获得反馈，为提升产品质量提供数据来源。

1 测试准备 Preparation	2 设计测试 Design the test		4 招募用户 Recruit users	5 测试 Test		7 测试后 After the test
确定测试实施人员 Decide staff 确定测试观察人员 Decide observers 确定测试用户类型 Decide user type 制订测试计划 Make a test plan	创建情景与任务 Create scenarios and tasks 准备记录表格 Prepare record forms	3 预测试 Pretest	发送邀请 Send invitations 确认已邀请用户 Confirm users invited	介绍 Introduction 执行测试 Perform the test	6 用户总结性 描述 Summary description of users	数据整理分析 Data collection and analysis 撰写报告 Report

图 6-20　可用性测试流程

图 6-21　可用性测试现场

案例

　　案例来自 UXLab 2012 年某网站可用性测试项目，该网站在信息架构、布局等方面做了较大幅度的改版，为了了解用户对新版本的接受程度以及设计本身的可用性，招募了用户进行测试。距离用户比较近的观察员负责照看用户；距离用户比较远的观察员负责观察记录测试中发生的事情，两人从不同的角度去看待这一过程，图 6-21 为可用性测试现场。

6.4　综合案例：汽车安全驾驶研究项目测试

1. 项目背景

　　汽车安全驾驶是驾驶员比较关注的，影响驾驶员驾驶安全的因素有很多，主要包括车外环境和车内环境，车外环境主要有天气、路况、其他车辆、行人等，车内环境主要有乘客、手机等。设计出集复杂导航、娱乐（远程信息处理）功能为一体，并不影响驾驶员驾驶，确保安全的汽车界面，对设计师来说是一种特殊的挑战，因为复杂或者是令人费解的交互将耗费驾驶员过多的注意力，可能会使驾驶员处于危险的境地。这些系统的成功开发需要大量的设计工作以及可用性验证。

　　我们对目前汽车安全产品市场和未来汽车设计发展趋势进行分析研究，以切合未来汽车产品设计的市场需求，首先制作了一系列的概念设计，然后通过访谈问卷等进行方案论证，并对概念设计进行汽车驾驶的安全性测试，最后根据测试结果对倒车场景概念设计进行细化。

2. 测试准备

　　在项目组进行汽车安全驾驶设计测试之前，研究人员需要对一些主要相关要素进行准备，以确保项目测试顺利完成。

　　首先确定项目测试目的。汽车安全驾驶研究项目测试的目的是了解用户在系统体验过程中的感受，进而提出优化的系统原型。

确定项目测试对象。根据项目研究的宗旨和项目背景调查与访问确定测试对象为有 1～3 年驾龄的新手驾驶员，并且主要集中在女性驾驶员。

在汽车驾驶的安全性测试设计过程中，研究团队运用的典型测试方法主要有 KA 卡片、焦点小组以及思维导图等，以完成项目测试的任务。

1）KA 卡片

基于定性信息和文本表达，试图产生新产品和行销策略的想法，与 Kurosu（2004）的"微场景法"相似。

在项目前期的安全驾驶研究中，项目组已总结出与安全驾驶相关的各类场景并做好分类，使用 KA 卡片能够描述汽车安全驾驶中发生事故的场景、原因及可能的解决方案，有助于概念原型的生成，促进概念设计点及创新点的产出，为安全驾驶研究准备的 KA 卡片如图 6-22 所示。

图 6-22　为安全驾驶研究准备的 KA 卡片

2）焦点小组

由一个有经验的主持人召集若干用户、领域专家、业余爱好者等一些能够从不同角度探究产品的人，就某些问题进行讨论。焦点小组不能为一个议题提供量的支持，但是它可提供定性的证据，而且能够帮助设计人员对后面的调查提出问题。参加焦点小组的人员最好在 6～10 位，持续时长最好为 60 分钟～90 分钟。焦点小组依赖一个有经验的主持人，需要提前写好主持人指南。主持人要组织和引导整个流程并保证讨论到所有重要问题，避免离题。会议以视频或音频的方式记录下来。研究人员可以通过讨论获知用户的看法与评价，为以后的设计提供启发。

事前准备如下。

部分 KA 卡片（根据问卷访谈、测试和思维导图）、笔、便利贴、多颜色的记号笔。

表 6-5 为焦点小组的任务安排。

表 6-5　焦点小组的任务安排

序号	任务	时间	方法	产出
1	每个人根据自己的经历或见闻，补充已有的 KA 卡片	10 分钟～20 分钟	KA 卡片	KA 卡片
2	打乱所有 KA 卡片，根据卡片中的关键点，对卡片进行分类，对关系进行梳理	约 30 分钟	卡片分类	亲和图
3	分析问题发生和场景产生的原因	30 分钟～60 分钟	五个为什么	
4	每个成员根据前面整理的问题和分析的原因提出点子，可以只针对一个问题，每人至少提出 3 个点子，配上简单的原型	约 10 分钟	—	十几个小点子
5	把所有点子贴在黑板上，所有成员对点子提出意见，尝试对所有点子合并归类	30 分钟～60 分钟	—	几个较完整、有意义的点子

通过焦点小组的方法确定驾驶员在几种场景中出现的问题，针对问题提出解决的方法并进行讨论，得出完成度较高的点子。

3）思维导图

新手驾驶员安全驾驶的思维导图如图 6-23 所示。

图 6-23　新手驾驶员安全驾驶的思维导图

根据思维导图梳理出来的问题如表 6-6 所示。

表 6-6　根据思维导图梳理出来的问题

	Before		Being	After
1 级问题	—	盲区	停车停不好，特别是需要停在两车之间的时候，最终导致车辆刮花、磕碰	—
			车距不好把握，主要是左、右车距，前、后车距一般行车时会保持一定车距	
		油门刹车分不清	由于频繁换脚而忘记	
			车速缓慢时疏忽大意	
		手动换挡	由于油门和离合器控制不好，导致车辆熄火	
			拐弯的时候由于刹车、离合器、油门之间的控制不当，最终导致与行人的碰撞	
			当车在水里熄火的时候，再启动的话车会报废	

（续表）

	Before	Being			After
2级问题	—	有的驾驶员会尝试在不同路况开车锻炼			忘记挂挡，忘记手刹
		会遇到不同的天气情况（下雨、雾霾等）			
		忘记开/关车转向灯（幅度不明显时，转向灯不会自动关闭）			
		半坡下滑	手动：不可避免的遛坡		
			自动：没控制好刹车		
		车胎压会因为某些原因突然变小，虽然可以开一段时间，但时间长了会磨损轮胎的内圈			忘记关车窗
		新手比较依赖导航			
		有时需要汽车的辅助系统		酒驾	
				疲劳	
		开车途中会听歌			
		开车途中会接电话，以前会使用手机接，现在因为有摄像，会使用车载蓝牙（外放），还可以使用手机蓝牙			
3级问题	上车前要做好心理准备	行车/倒车速度慢，会被其他驾驶员催促			—
		遇到问题容易慌			
		当驾驶员的鞋底过厚时，较难估计自己踩踏的力度大小			
		很少看后视镜，或者后视镜的区域被靠枕或其他物品挡住			

3. 设计测试

1）概念设计

汽车概念设计框架如图 6-24 所示。

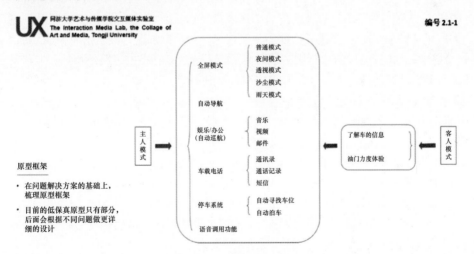

图 6-24　汽车概念设计框架

交互设计
设计思维与实践 2.0

可用性测试低保真原型图如图 6-25 所示。

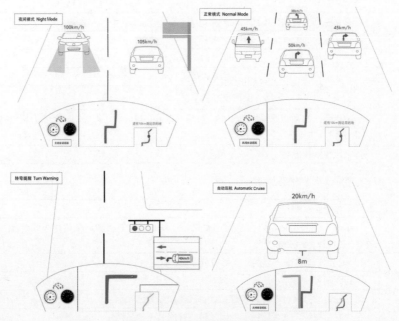

图 6-25　可用性测试低保真原型图

（1）动态原型。

图 6-26 为动态原型。用户先是来到红绿灯路口，然后 HUD 提醒注意红绿灯，且告知红灯时间还有 5 秒；通过红绿灯后，车辆加速行驶，与前车距离逼近，这时 HUD 提醒注意保持与前车距离；然后车辆变道，打转向灯后，仪表盘显示后面车况，同时 HUD 显示后视镜可视范围内的后车速度和车距；变道后，前面车辆较少，于是欲加速行驶，这时 HUD 右边小道红色加深，提醒注意非机动车辆；行驶一段时间后，进入一条拥挤的道路，行人和非机动车都较多。于是车辆以低速前进，不一会儿 HUD 非机动车图标闪烁，提醒右后方有辆摩托车靠近。

（2）测试工具。

VirtualBox 是一款简单易用且完全免费的开源虚拟机软件，VirtualBox 目前支持的操作系统包括 Debian、Fedora、Linux、Mac OS X（Intel）、Mandriva、OpenSolaris、PCLinuxOS、Red Hat、SUSE Linux、Solaris 10、Ubuntu、Windows、Xandros、openSUSE 等。

VirtualBox 是一款功能强大的 x86 虚拟机软件，它不但具有丰富的功能，而且性能优异。用 VirtualBox 安装 Linux 系统后还可以安装增强工具，使光标可在主机与虚拟机间自由移动，并且可共用剪切板。VirtualBox 性能优异，却占用很少的资源，虽然是英文版，但是安装到系统盘就可以自动切换为中文，使用方便。

（3）测试内容。

根据汽车安全驾驶设计项目确定的测试低保真原型如图 6-27 所示。

148

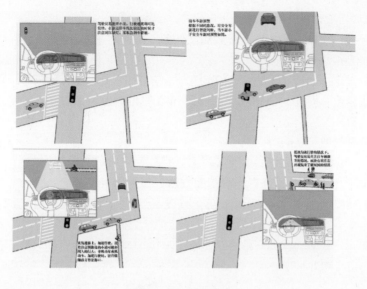

图 6-26　动态原型

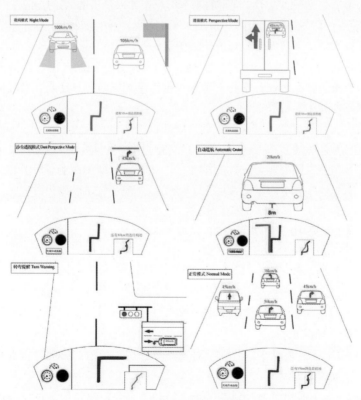

图 6-27　测试低保真原型

2）场景测试

在进行场景测试之前，研究人员布置测试任务、访谈问题以及测试后进行驾驶行为分析，场景测试分析如图 6-28 所示。

开车前场景设定：告诉驾驶员关于汽车的基本信息，包括油量、胎压等，到达极限值的时候，给出加油或换胎的提醒。——帮助驾驶员修正不良的驾驶习惯。告诉驾驶员上次驾驶的得分，呈现信息包括：

您的本次驾驶打败了 73% 的驾驶员；

恭喜您成为环保小贴士！您的本次驾驶保护了 5 棵树。

驾驶员可以将自己的得分分享到微信朋友圈、微博等社交平台。给出本次驾驶的建议，例如，起步时的油门轻踩等。同时指出良好的驾驶习惯，并奖励驾驶员积分，以鼓励驾驶员保持良好的驾驶习惯。

开车后场景设定：对驾驶员一路的驾驶过程评分，本次评分由后台记录，不呈现出来，结果会在下次开车前告知并呈现。

访谈问题如下。

（1）您是否希望在开车前先了解汽车的基本信息？如果希望的话，您希望了解什么信息？

（2）您觉得关于本次驾驶行为的评价结果何时显示告知比较好，是开车前，还是开车结束的时候？如果有评价结果，您希望知道什么信息？

（3）如果我们能够评价您的每次驾驶行为，您愿意分享到朋友圈、微博等社交平台吗？如果愿意的话，您希望什么时候分享呢？给您提供信息的同时分享还是任意时间分享？是希望在车上直接分享还是利用手机分享？

（4）在任意一次驾驶之后，您愿意收到驾驶建议吗？

在对测试前、中、后整个流程做出设计和安排以后，针对新手驾驶员安全驾驶的测试场景，研究人员将参与测试的驾驶员分别安排在白天和晚上，即测试场景分为白天驾驶场景和晚上驾驶场景。

● 白天驾驶场景

时间：2014 年 11 月 10 日下午 3 时 30 分。

路线：校门口—安亭—工业园区—嘉定。

被测人员：女性新手驾驶员。

测试车辆：Ford。

目的：白天，城市、城郊各种路况的行车安全问题。

重点观察场景及分析如下。

① 匀速行驶情况下，大型车、公交车对驾驶员心理、行为的影响，特别是驾驶员对车距的把握，会不会导致车道偏离。

如图 6-28 所示，在驾驶途中遇到大型车，驾驶员不会惧怕，但会保持一定距离，其中土方车是最想避免的，第一是因为土方车经常会抖出泥土，第二是因为行驶过后会扬起沙尘，影响视线。

图 6-28　在驾驶途中遇到大型车的情况

② 观察不同路况下的变道操作，车辆少时有没有频繁变道，什么情况下会变道，变道时转向灯如何操作。

如图 6-29 所示，在驾驶途中变道，当车辆不是很多且车况良好时，驾驶员变道频繁，但一般都会打转向灯，当前方有相对较多车辆、车速较慢时，欲变道超车，于是加速，再打转向灯，但这时前车突然也欲变道且不打转向灯，反而是踩刹车，驾驶员鸣喇叭的同时踩刹车，前车便放弃变道，然后继续加速超车。

图 6-29　在驾驶途中变道

③ 观察不同路况下的超车行为（频率等），超车时对车距的判断，后视镜盲区的影响。

图 6-30 中，车辆右前方有摩托车挡道，按喇叭提醒，变道避让。当后视镜看不到后车时，变道不打转向灯。

图 6-30　车辆右前方有摩托车挡道

④ 在十字或直角路口转弯时，对周围车辆行人距离感的判断。

图 6-31 为测试经过十字路口的场景，此时操作和车速变化为：红绿灯前—变道—减速到 50km/h—刹车减速到 20km/h。

图 6-31　测试经过十字路口的场景

⑤ 倒车入位时，后视镜的观察，车距的把握，盲区的影响，地下停车场，灯光暗、柱子比较多，停在两车之间。

⑥ 在地下停车场停车时，观察后视镜有没有白斑效应。若有，则对驾驶员的影响如何？

驾驶分析如下。

① 想变道超车的情况多是因为前车行驶速度太慢。

② 当前车突然变道，不打转向灯的时候，变道超车会遇到困难，此时驾驶员会按喇叭示意，若还困难，则会放弃超车。

③ 车况较好、车辆较少的时候，驾驶员会频繁变道超车，且行驶速度较快。

④ 驾驶员变道原因：前车车速较慢，为了超车；需要转弯；红绿灯比较多。有时驾驶员变道不会打转向灯，可能是因为忘了，或看了后面的路况，觉得没有必要打转向灯。

⑤ 在红绿灯变道的时候，驾驶员会提前变道，一般不会突然变道。

⑥ 当车辆靠右行驶时，驾驶员会频繁注意道路的右边，主要是注意辅道或路边的行人、

自行车和摩托车等。

⑦ 在遇到陌生道路时，驾驶员会使用手机导航，在开车前先看好路线，在开车过程中，只听声音，不看手机，手机会放在操作杆后的空位。

⑧ 驾驶员对上方的路标不会特别在意，因为对路线比较熟悉。

⑨ 该驾驶员判断车距主要凭感觉，对于小型车，原则是车头看不到前车的牌照就行，车距约 1.2m，但每个人的身高不一样，因此还需要具体情况具体分析。

⑩ 在行驶过程中，有一个路口，驾驶员因为没有看到地上的路标，而在红绿灯前突然变道。

⑪ 对于大型车辆，驾驶员不会惧怕，但会保持一定距离，其中土方车是驾驶员最想避免的，原因第一是土方车经常会抖出泥土，第二是行驶过后会扬起沙尘，影响驾驶员视线。

⑫ 在匀速驾驶的时候，驾驶员习惯一手握方向盘，一手握操作杆，原因是自己习惯开手动车。

⑬ 驾驶员的倒车技术比较熟练，在侧倒、正进、反进的时候速度都比较快，一方面是因为驾驶员的驾驶技术比较娴熟，另一方面是因为停车位空间比较大，没有相邻车辆。

其他观察或访谈点如下。

驾驶员起步快，油门声音很大，因为开惯了自己的车，习惯了踩下去的力道，再开别人的车就不习惯了。

大货车反向快速驶过，若向驾驶车辆偏移，则驾驶车辆会产生一定的偏移。

前方土方车扬起的沙尘影响视线，车辆减速行驶。

道路旁边有栅栏，驾驶员根据反光镜判断距离。

后车超车、前车车速变慢会影响超车。

● 夜间驾驶场景

时间：2014 年 11 月 10 日下午 5 时 30 分至 7 时。

路线：G2、G15、G42 高速公路，曹安公路，江桥镇镇内道路，同济大学校内道路。

被测人员：男性新手驾驶员。

测试车辆：Ford。

目的：在高速上、下班高峰期的行车安全问题及夜间行车问题。

重点观察场景及分析如下。

① 驾驶员高速行车的速度及超车行为，有没有其他一些开车的行为习惯。

② 驾驶员在下班高峰期，低速行车时，油门刹车的操作，前后车距的把握。

③ 驾驶员有没有及时看见各种道路标志、标牌。

图 6-32 中，驾驶员进入收费站的路口，忘记打转向灯。图 6-33 中，驾驶员在出岔路口进入 G2 时路遇一块指示牌，经过时间较短，容易错过，但驾驶员已养成良好的看路牌的习惯，会注意道路上方的指示。图 6-34 中，驾驶员在前方无车、光照强度较低的情况下会切换远光灯，以看清左转路标。图 6-35 中，驾驶员在进入收费站前降低车速，因为其已经从后视镜中提前看到了左侧突然驶来的客车。

图 6-32　驾驶员进入收费站的路口，忘记打转向灯

图 6-33　路遇一块指示牌

图 6-34　切换远光灯，以看清左转路标

图 6-35　驾驶员在进入收费站前降低车速

事前准备如下。

① 确定高速路段。

② 下载高德导航。

事后 / 情景式访谈问题如下。

① 高速行车过程中，您有没有注意力分散的情况发生？是什么原因导致您分心？

② 傍晚弱光环境下，您有出现白斑效应吗？即看后视镜时晕眩，干扰正常驾驶。

③ 在红绿灯前，或是在下班高峰期低速行车时，您对车距和行人的把握有没有感到困难？

④ 在什么情况下，您会忘记或是看不到路标？

⑤ 根据实际情况提问。

驾驶分析如下。

① 因为上海非机动车较多，所以驾驶员在整个行驶过程中经常查看右视镜，查看是否有非机动车行驶过来。

② 在拐弯或变道时，驾驶员因习惯提前看后视镜确认是否有车辆在后方，所以会忘记打转向灯。

③ 在车速较低时，驾驶员会主动看后视镜来观察周围环境。

④ 在爬坡时，驾驶员会打开远光灯来判断路线。

⑤ 夜间为了看清路面白线，以判断道路走向，驾驶员会开远光灯。

⑥ 在超车时，驾驶员会判断与前后车的相对速度。

⑦ 驾驶员会通过两个后视镜的亮度来判断左右侧是否有车辆。

⑧ 前车较为平稳地行驶，驾驶员会习惯跟车，这样会比较轻松。

⑨ 晚上更容易急刹车，因为相较白天，不能准确判断前车速度。

⑩ 遇车辆缓行，男性驾驶员会挂空挡，刹车踩得比较轻，女性驾驶员比较不愿意换挡，会一直踩刹车。

⑪ 夜间行驶，驾驶员更倾向于跟车，这样更轻松，但也容易发生追尾事故。

⑫ 在高速路上转到另一条路时，应打转向灯提醒后车不要跟车，以免后车走错路。

⑬ 自发光的广告或警示牌光强度过大，给驾驶员带来很大干扰。

⑭ 有些车，如拖车，在车后方会安装强度很大的灯，以防止后车跟车太紧，但两车若行驶路线相同，前方会一直有强光照射，对后车驾驶干扰很大。

⑮ 车内外温度或湿度相差较大，挡风玻璃会突然起雾，视线突然消失，十分危险，只能通过驾驶员或副驾驶手动清除，或马上开窗来解决问题，但不能马上做出反应。

图 6-36 为测试过程实拍，主测人员坐在副驾驶座上观察驾驶员的操作行为，并适时提问。

图 6-36　测试过程实拍

3）测试与访谈报告

（1）关于路边小道提醒的功能。

• 挡风玻璃上：当检测到一定速度的非机动车或机动车时，在挡风玻璃上显示真实小路，并用红线标出，同时用一个红点代表非机动车或机动车，在线上的一个位置闪动 3 秒后，红点与红线保持相对静止的状态。

• 仪表盘上：显示以自身车辆为中心的周围车况的缩略图。

• 语音提醒：当红点停止闪烁的时候，使用语音提醒驾驶员，例如，"右前方 500 米有一小道，请减速慢行！"

• 取消的方法：当车辆经过该小道的时候；驾驶员语音控制，进行取消即可，若在红点闪烁的时候取消，语音提醒也不会出现。

（2）变道问题。

• 挡风玻璃上：驾驶员打转向灯的时候，显示要变道路上的后车的车速和车距。

• 仪表盘上：显示以自身车辆为中心的周围车况的缩略图。

• 语音提醒：前车或后车车距预警的时候，可以语音提醒："保持前车车距！／保持后车车距！"

• 取消的方法：无取消方法，可以在设置模式中修改。当驾驶员回打转向灯的时候，信息显示消失。

（3）红绿灯路口显示问题。

• 挡风玻璃上：在距离红绿灯一定距离的时候显示虚拟红绿灯，并显示相应的秒数。

• 仪表盘上：显示以自身车辆为中心的周围车况的缩略图。

• 语音提醒：当该车必须紧急制动才能停在线内的时候，给出语音提醒："前方停车线，请刹车！"

• 取消的方法：挡风玻璃显示可以取消，但是语音提醒不能取消。

（4）拥挤道路上的超车问题。

• 挡风玻璃上显示与周围车的车距，提醒是否是安全车距。

• 仪表盘上显示目前车速是否是安全车速。

• 语音提醒，是否可以超车。

（5）车辆在转弯的时候，避让行人的问题。

• 挡风玻璃上：遇到危险情况，有黄色或红色的警示，黄色表示有点危险，红色表示非常危险。

• 语音提醒：后方是否有行人、车辆，可以转弯的安全车距与时间。

（6）停车问题。

• 驾驶员认为原型上的三个内容都不错，如果可以找停车位会更好，不过还没有在收费的停车位停过车。

• 驾驶员停车的经验比较少，这次是第二次停车，需要别人下车指挥才能停好，主要是不好判断车头右侧与障碍物的距离，因为驾驶座在左侧，而且前后移动久了，会对车轮的方向感到疑惑。

• 驾驶员认为原型上的信息是分级的，首先最重要的是停车路线，其次是实际的倒车影像，方向盘的转动可以有，但感觉不是那么重要。

（7）前车的前方路况问题。

• 驾驶员很少开车，不过有相应显示功能也是可以的。

• 检测前车的前方是否有车还是必要的，这种情况一般发生在高速公路、乡村道路上，或者只有一条道路的情况。

• 如果能显示信息还是比较好的，驾驶员遇到需要了解前车前方车况的情况比较多。

（8）持续性使用的问题。

（9）评分系统的结果。

结果包括超速次数、闯红灯次数、忘打转向灯次数。

CHAPTER
07

系统开发与运营跟踪
（Development & Operation）

当完成了可视化设计后，我们就要进行系统开发和设计实现了，这是产品投入使用前最后的步骤。交互设计是一项系统工程，需要通过团队协作来使设计产品得以落地。既然是团队协作，那么无论我们在团队中承担什么角色，都应该对其他成员的工作有所了解。设计师输出交互规范文档及设计说明书给开发人员，设计师如果了解开发人员熟悉的表达方式，就能更好地写出一份文档。当产品正式上线后我们的工作仍未结束，对运营数据的监测是版本更新的重要依据。这一阶段包括系统开发与运营跟踪两个部分。

7.1 商业

项目组可以适时总结前面探讨过的产品的市场定位、商业模式等内容及相关设计，按版本输出文档，以便后续发布和运营产品的时候查阅，方便调整商业定位和运营计划。

7.1.1 搜索引擎优化（Search Engine Optimization）

搜索引擎优化，简称 SEO，是一种利用搜索引擎的搜索规则来提高目的网站在有关搜索引擎内排名的方式。通过 SEO 这样一套基于搜索引擎的营销思路，可为网站提供生态式的自我营销解决方案，让网站在行业内占据领先地位，从而获得品牌收益。研究发现，用户往往只会留意搜索结果中前面的几个条目，所以不少网站都希望通过各种形式来影响搜索引擎的排序，特别是各种依靠广告维生的网站。所谓"针对搜索引擎做最佳化的处理"，是指让网站更容易被搜索引擎接受。

搜索引擎优化方式主要有两种。

（1）整站优化：通过对网站的整体优化来达到提升网站整体关键词排名的目的，包括热门关键词、产品关键词以及更多长尾词的排名。

（2）关键词排名优化：根据客户提供的少量几个关键词进行优化，通过修改登录页、增加众多外部链接来提高关键词排名。步骤如下：

关键词的研究并选择；

全面的客户网站诊断和建议；

搜索引擎和目录的提交；

月搜索引擎排名报告和总结；

季度网站更新。

案例

图 7-1 为 ×× 网首页。该网站是一个
品牌销售平台，在这个平台上有很多世界顶
级的奢侈品牌在线销售。该网站的优化主要
是以品牌为中心进行拓展关键词，并对拓展
出的关键词进行优化。下面以网站标题 / 关
键词 / 描述语的书写为例进行 SEO 分析。

标题：×× 品牌馆——顶级奢侈品牌
和知名品牌网络旗舰店——×× 网

该网站的品牌展示页的标题包括奢侈
品牌、知名品牌等关键词，这样写出来的标
题非常符合该网站的品牌展示。

关键字：奢侈品牌、知名品牌、奢侈
品网购、品牌网购，关键标签里重复了标题
的关键词。

图 7-1　网站首页

描述语：×× 网 ×× 品牌馆是顶级奢侈品牌和知名品牌网络旗舰店，是网上购买奢侈品
和品牌商品的首选，100% 原装正品保证，全场超低折扣，拥有安全无忧的货到付款和 7 天无
条件退换货保障。

该网站品牌页的描述语有些啰唆，可将描述语分为两部分。

第一部分"×× 网 ×× 品牌馆……品牌商品的首选"，这部分的描述语直接使用了
标题。

第二部分"100% 原装正品……退换货保障"，这部分的描述没有太大的作用，不如将这
些文字修改成与品牌更相关的句子。从专业角度来看，这些描述语是使用程序自动生成的。

品牌页，如此重要的页面，描述语应该由专业的编辑人员来编写，才能更好地吸引用户
点击和购买。

7.2　信息

产品上线或发布不意味着工作的完结，相反，这是新一阶段工作的开始。用户点击、浏
览、下载、使用等任何一项操作，都会作为数据留存下来，项目组需要持续收集包括用户行为
数据、系统运营数据在内的各种数据，定期进行数据分析，为产品的优化、更新、挖掘更多的
设计机会做准备。

7.2.1　网络行为跟踪（Online Activity Tracking）

网络行为跟踪主要用于远程网络原型测试的数据收集，用户的行为路径可以反映流程和功能的设计是否合理。通过对 Web 客户端（访问者）的网络通信数据进行实时拦截、分析，同时采取相对应的行为对策（如通过对客户端浏览器发送的 HTTP 协议数据进行分析），便可得到客户端请求访问的地址和提供的数据传输等。

（1）IP 地址。

IP 地址是确认用户身份的最基本的方法。如今，我们使用的计算机和其他网络设备常共享同一个 IP 地址。因此根据 IP 地址就可以大致确定用户的地理位置，尽管不能精确到街道，但是一般能确定所在城市或者区域。

（2）HTTP Referrer。

当用户点击一个链接的时候，浏览器会加载 HTTP Referrer 页面，并且告诉用户这个网站是从哪里来的。这个信息被存储在 HTTP Referrer 信息头中。当用户下载当前页面内容的时候，HTTP Referrer 也会被发送。

（3）Cookies。

Cookies 是一些信息片段，网站可以将它们存储在浏览器上。当用户登录网络银行时，Cookies 可以记录登录信息；当用户改变网站的设置时，Cookies 也会记录下来，这样就可保证设置一直有效。

Cookies 可以用来识别和记录用户在某个网站上的行为，以便分析、改进网站设计。

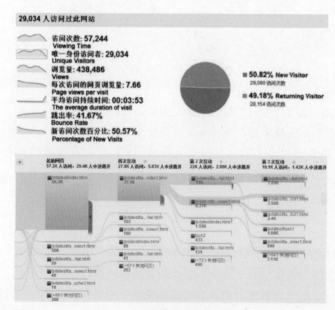

图 7-2　网络测试的访问情况

案例

在 UXLab 2012 年商务随行 App 优化项目中，项目组在手机原型的网页版的基础上，设置网络测试，请测试用户按照给定的任务，执行完测试流程。项目组通过观察测试用户在测试过程中的流程走向，分析页面的逻辑跳转和页面布局，最终对软件流程及页面布局进行进一步优化。其中，从图 7-2 网络测试的访问情况可以看出这次测试的访问次数、浏览量、每次访问的网页浏览量等信息。图 7-3 为测试中用户的流程走向分析。

任务一： 查看【热销产品】"蛋白质粉"，收藏并添加3件到【购物车】，再从【产品列表】中添加1件"茶族60粒"到购物车，地址为：广州白云区同和大街12号，再使用【支付宝】完成支付。

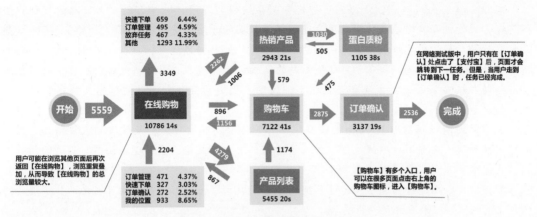

图 7-3　测试中用户的流程走向分析

7.2.2　用户反馈收集（User Feedback）

　　用户反馈收集是指通过各种手段获得用户，尤其是目标用户的反馈意见，从而了解用户的需求，更好地指导产品的开发。

　　用户反馈收集有以下 4 种类型。

　　（1）在线反馈。用户在使用网站遇到阻碍或体验十分不好的时候，倾向于使用这种反馈方式。

　　（2）主动给用户打回访电话。这种收集反馈意见的好处是可以与用户进行深入沟通，一般这样的电话沟通可持续十分钟以上，可以收集到很多改进性的建议。通过邮件或者文字方式，用户通常不愿意提供这些信息，但通过电话方式，用户会因感到被重视而给予一些非常有价值的建议。

　　（3）即时通信工具。这种方式有助于持续收集忠实用户的反馈，即时通信的沟通成本很低，用户遇到问题时，更倾向于立刻给出反馈。

　　（4）微调查系统。使用这种方式一是可以快速收集用户信息，二是可以通过选项方便检索和过滤收集来的信息内容。

7.2.3　数据可视化与运营分析（Data Visualization and Operation Analysis）

　　数据可视化是指借助图形化的手段，清晰、有效地传达与沟通信息。在数据可视化中，美学形式与功能需要齐头并进，设计师既要对数据进行深入理解，又要把握设计与功能之间的平衡，真正通过设计做到"深入浅出"，才能创造出兼具美感与实用性的可视化效果，使用户更易于读懂复杂信息，实现传达与沟通信息的目的。

案例

在论文《面向用户测试数据的可视化分析系统研究与设计》中，就对大数据的可视化进行了探索。数据可视化是一种帮助用户理解海量数据的方法，是一种利用计算机的交互方式显示抽象数据，加强用户对抽象信息认知的一种方式。大数据可视分析旨在利用计算机自动化分析能力的同时，充分挖掘人对于可视化信息的认知能力优势，将人、机的各自强项进行有机融合，借助人机交互式分析方法和交互技术，辅助人们更为直观和高效地洞悉大数据背后的信息、知识与智慧。

文中的所有数据源自 UXLab 的项目，项目的主要研究内容是对某健康测试软件进行用户的可用性测试。在可用性测试过程中加入了对用户情绪的监控，通过现场让参与测试的用户在软件内完成指定的任务，从而最终获得用户在完成任务后的情绪值、停留时间、ID 以及其他基本数据。将数据进行筛选后，通过可视化工具生成可视化图形，并借助可视化工具实现最终图形之间的联动性和系统的交互。

数据可视分析在实现上借助了可视化工具 Tableau。Tableau 是一款商业智能分析平台，它的桌面系统提供多种可视化的方式，用户在导入数据之后，系统会自动将这些数据生成若干个指标，然后用户可拖曳不同的指标内容至不同的维度、筛选的数据、可视化方式等，对最终的可视化图表进行编辑。除此之外，Tableau 还支持不同可视化图表之间的联动以及导出生成的图表中的数据，是一款可实现可视化以及数据筛选的工具。

在收集数据之后，需要对数据进行筛选，筛选后的数据分类和具体指标如表 7-1 所示。

表 7-1 筛选后的数据分类和具体指标

数据分类	具体指标
用户属性数据	用户的任务完成情况、性别、年龄、教育程度、软件使用情况
任务相关数据	页面浏览数、控件点击数、页面浏览情绪值、控件点击情绪值、完成用户占比、用户页面停留时间、用户任务完成时间
问卷数据	对按钮大小的看法、对文字大小的看法、在测试各部分的情绪感受、整体的情绪感受、对按钮是否可点击的看法、对内容可信程度的看法、对题量的看法、对测试整体过程的看法

在筛选数据之后，就可以开始进行数据可视化了。在数据可视化过程中，选择合适的可视化方式非常重要。针对不同的数据类型选择的可视化图表类型如表 7-2 所示。

表 7-2 可视化图表类型

样式类型	应用模块	使用数据
面积图	用户属性	任务完成情况 user ID 年龄 性别

（续表）

样式类型	应用模块	使用数据
面积图	用户属性	教育程度 软件使用情况
水平条	浏览各页面的情绪均值	情绪类型（7 种） 各页面 各页面对应各情绪值
	点击各控件的情绪均值	情绪类型 各控件 各控件对应各情绪均值
	所有用户对所有健康测试问题的回答所用的时间和 attention 值	question 列表 （所有用户）所有问题使用时间均值 （所有用户）所有问题 attention 均值
双线图	某问题所有用户的使用时间和 attention 值分布	user ID 单一用户的页面停留时间 单一用户的 attention 值
	一个用户对所有健康测试问题的回答所用的时间和 attention 值	question 列表 （一个用户）所有问题使用时间 （一个用户）所有问题 attention 值
柱形图	所有用户任务完成情况和使用情况	user ID 单一用户任务完成情况 单一用户任务使用时间
	任务完成情况	完成任务的用户数 未完成任务的用户数
饼状图	按钮大小是否合适 文字大小是否合适 健康测试过程中的感受 生活测试过程中的感受 按钮是否可点击 养生方案是否可信 题目数量是否合适 整体测试过程的感受 整体过程的体验	user ID 对按钮大小的看法 对文字大小的看法 健康测试过程中的感受如何 生活测试过程中的感受如何 对按钮是否可点击的看法 对养生方案是否可信的看法 对题目数量的看法 整体测试过程中的感受如何 整体过程的体验如何
折线图	各页面浏览数	页面列表 各页面的浏览量
	各控件的点击数	控件列表 各控件的点击数

从图 7-4 可以看出，在所有用户中女性占绝大多数，并且年龄多在 30 岁以上。

图 7-4　面积图——用户属性

从图 7-5 可以看出，对于多数进行测试的页面，用户的情绪多在均值以下，说明体验不理想，需要进一步改进。

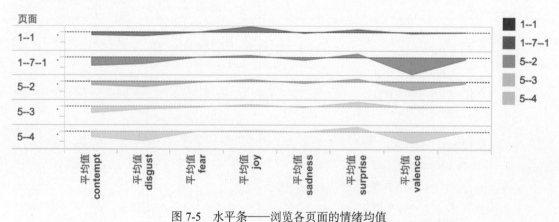

图 7-5　水平条——浏览各页面的情绪均值

7.3　设计

交互设计师和界面设计师都容易陷入视觉表达而疏于文档整理，然而设计文档的记录和规范化的表达也是设计工作的重要组成部分。内容齐全、表达清晰的文档有利于团队其他成员的工作开展，也能避免团队成员因需求不清晰而产生分歧，从而节省设计时间。

7.3.1　设计说明书（Design Specification）

设计说明书是与需求文档相似的描述性文本，产生于设计过程中。它详细地描述了整个项目的目标，基于每步中新的观点不断新增内容，可以帮助团队形成共同焦点并确保项目运行。设计说明书应涵盖项目所有的设计细节，包括前期调研的产物、设计原型、优化方案，界面设计所需的界面风格指南、布局设计、界面元素规格、交互定义等，确保任何第三方或其他项目承接人拿到该说明书即可投入设计。

案例

在 UXLab 2012 年车载社交项目中，项目组通过调查以广州地区为主的智能手机使用人群的使用习惯及偏好，探索智能手机应用程序在车载 GPS 终端平台上的可行性并进行优化设计。项目组根据前期调研选择了社交这一设计方向，并根据该产品的社交定位、流程以及当时车载系统主流的设计风格设计了高保真原型，最后生成设计说明书。图 7-6 为设计说明书的目录。

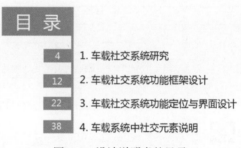

图 7-6　设计说明书的目录

在这一阶段，设计团队需要与用户一起评估设计的好坏，除了口头询问用户的意见及建议，我们可以借助一些设备或工具来采集用户在测试中的信息，包括用户使用产品的行为、用户细微的表情变化、用户生理数据的变化等，以便更为客观地衡量测试的结果。

7.3.2　前端软件开发（Front-end Software Development）

前端软件开发是从网页制作演变而来的，名称上有很明显的时代特征。在互联网的演化进程中，网页制作是 Web 1.0 时代的产物，早期网站主要都是静态内容，以图片和文字为主，用户使用网站的行为也以浏览为主。随着互联网技术的发展和 HTML 5、CSS 3 的应用，网页变得更加美观，交互效果更加显著，功能更加强大。

从本质上讲，所有 Web 应用都是一种运行在网页浏览器中的软件，这些软件的图形用户界面（Graphical User Interface，GUI）即为前端。前端软件开发还包括手机类应用等前端页面的设计开发。

案例

案例来自一款邮箱产品 Mail-net 的邮件关系可视化界面定义。

（1）T：联系人发给我的最近一封邮件的时间；

（2）R：圆点的半径；

（3）M：联系人发给我的邮件数量；

（4）Alpha：透明度。

我与联系人的关系界面效果如图 7-7 所示。

（1）表 7-3 为界面元素说明。

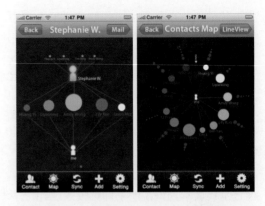

图 7-7　我与联系人的关系界面效果

表 7-3　界面元素说明

界面元素	界面元素定义		
点	代表一个联系人，每次只同时显示 7 个联系人		
	属性	意义	计算方式
	半径大小（R）	联系人发给我的邮件数量（M）	$R = \alpha \times M$（α 待定）
	透明度（Alpha）	由最近一封邮件的时间（T）决定	Alpha $= \left[1 - \left(T_{今日} - T_{最近}\right) \times \beta\right] \times 100\%$（$\beta$ 及算式待定）
	排列位置	在所有联系人中，显示 R 最大的前 7 名联系人；把 R 最大的居中放置，其他联系人按照 R 的递减顺序排列在两侧	—
	间距	所有联系人等间距	—
线	代表联系人直接发邮件给我的关系（From：联系人；To：我的关系）		
	属性	意义	计算方式
	透明度（Alpha）	由最近一封邮件的时间（T）决定	连线的透明度与点（联系人）的透明度相同
	长度	根据点的位置而定	—

（2）表 7-4 为交互元素说明。

表 7-4　交互元素说明

操作方式	效果
iPhone 的放大手势	放大视图
水平滑动共有联系人区域	移动区域位置，显示 R 大小排列在 6 ~ 10 位的 5 个联系人（点按照右侧大，左侧小排列），移动时，我和目标联系人头像不跟随移动
单击点	跳转到我与该联系人的关系图（图 7-7 右图）

（续表）

操作方式	效果
单击目标联系人 	跳转到与该联系人联系的邮件列表

（3）表 7-5 为所有联系人全视图界面说明。

表 7-5　所有联系人全视图界面说明

界面元素	界面元素定义		
	每次只同时显示给我发邮件数量最多的前 12 个联系人		
点 	属性	意义	计算方式
	半径大小（R）	联系人发给我的邮件数量（M）	$R = \alpha \times M$（α 待定）
	透明度（Alpha）	由最近一封邮件的时间（T）决定	Alpha $= [1 - (T_{今日} - T_{最近}) \times \beta] \times 100\%$（$\beta$ 及算式待定）
	排列位置	从十二点钟方向开始，按照 T 排列，倒序排列	—
	间距	所有联系人等间距	—
小点	"外围联系人" ——代表该联系人与我共有的联系人 显示定义：如果"小点"的排列超出屏幕范围，则隐藏不显示；当用户缩小"地图"增大显示范围时，在显示范围内的"小点"予以显示		
	属性	意义	计算方式
	半径大小（R）	联系人发给我的邮件数量（M）	$R = \alpha \times M/4$（α 待定）
	透明度（Alpha）	由最近一封邮件的时间（T）决定	Alpha $= [1 - (T_{今日} - T_{最近}) \times \beta] \times 100\%$（$\beta$ 及算式待定）
	排列位置	按照半径大小排列：半径越大，越接近圆心	—
	间距	所有联系人等间距	—

交互方式："联系人地图"不能点击，用户可以通过 iPhone 的手势，对图进行放大、缩小、位置移动的操作。

7.3.3　界面组件开发（Interface Component Development）

界面组件开发主要的要素有界面组件、视图、样式、HTML 静态片段和 HTML 实体片段。

- 界面组件：将某一特定的界面应用功能进行封装，包括数据和数据显示。
- 视图：组件在不同条件下呈现给用户的界面。

- 样式：组件的显示风格。
- HTML 静态片段：产品部提供的组件 HTML 代码。
- HTML 实体片段：组件库开发组提供的组件 HTML 示例代码。

案例

案例来自 Android UI 组件开发案例。案例描述了二级菜单所使用的 API，方便开发人员快速上手，使用 UI 组件完成 Android 平台应用程序的开发。图 7-8 为界面术语示意图。

工作原理：本文档主要说明自定义控件二级菜单的设计说明，供需要了解二级菜单实现原理，要对二级菜单进行二次开发的研发人员参考，需要相关人员具备一定的 Android 开发知识。

定义如下。

SwitchMenu：主菜单。

MenuItem：主菜单的菜单项。

SubMenu：子菜单。

程序系统组织结构如图 7-9 所示。

图 7-8　界面术语示意图

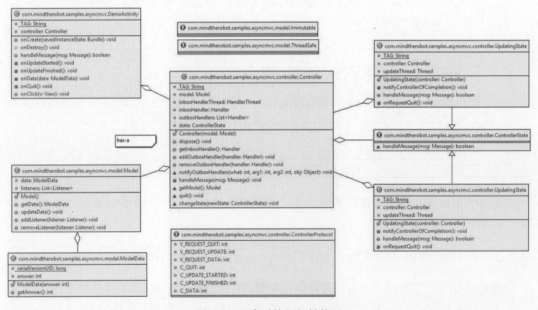

图 7-9　程序系统组织结构

系统开发与运营跟踪（Development & Operation）

SwitchMenu（主菜单）设计说明如下。

- 程序描述

二级菜单的主菜单。这里说明主菜单的结构、滑动效果的实现及事件处理流程。

- 功能

本模块为二级菜单的主菜单，负责主菜单的显示及对子菜单的管理，包括添加、切换、弹出等。

- 性能

本菜单的滑块有滑动效果，需要一定的硬件性能，不过目前常见平台都能实现流畅的效果。如果使用虚拟机运行，那么性能较低，滑动不流畅。另外，各个动态效果的时间默认值为250ms，组件提供接口修改动态效果动画持续时间。

- 输入项

（1）数据输入项：组件提供了接口函数，供用户设置菜单数目、菜单项标题、样式效果等，详见组件 API 说明。

（2）回调函数：组件提供了多种回调函数，用户可控制组件的各种行为或实现交互。详细的回调函数说明详见组件 API 说明。

（3）键盘输入事件响应：组件处理键盘的左、右方向键以及确定键，左、右方向键控制组件的左、右移动，确定键提供回调给用户，实现选择的回调。

- 输出项

（1）主菜单在设备中显示出主菜单项。

（2）切换焦点时滑块有滑动效果。

（3）切换焦点时会弹出子菜单（如果存在）。

（4）当按确定键时，选中当前焦点项，调用回调函数。

算法 / 实现说明如图 7-10 所示。

图 7-10　算法 / 实现说明

- 菜单设计结构图

菜单继承自 LinearLayout。每个菜单项为一个 TextView 或任意的 View。红色为滑块，置于 Layer 的背景图之上和子 View 之下。滑块的位置与当前选中项的关系为居中对齐。

使用一个 Scroller 来做滑动效果。当每次左、右移动时，启动 Scroller 滚动器，在 dispatch Draw 函数中，滑块根据滚动器当前状态绘画。

当滚动未完成，但又重新接到移动的事件时，即连续按键，系统会根据当前位置及移动方向重新设置滚动器，从而实现连续按键的滑动效果。

- 流程逻辑

一级菜单的事件处理三个事件流程逻辑图如图 7-11 所示。

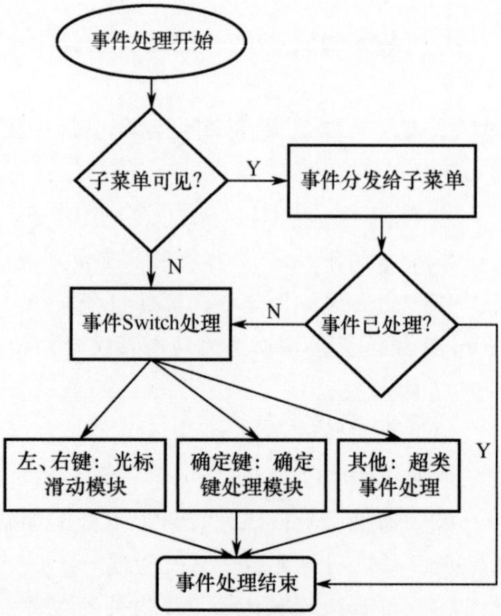

- 接口

在显示时，会获取 SubMenu 的数据，并同步到 MenuItem 中显示出来。

- 存储分配
- 限制条件
- 测试计划

（1）黑盒测试：基于实现的两套 Demo 测试控件的功能、效果、性能等问题。

（2）白盒测试：基于说明文档，对控件的可配置属性进行修改测试，需要相关人员具备一定的开发知识。

SubMenu（子菜单）设计说明如下。

- 程序描述

二级菜单的子菜单：这里说明子菜单的结构、滑动效果的实现及事件处理流程。

- 功能

本模块为二级菜单的子菜单，负责子菜单的显示、滑块滑动、内容滚动、事件处理等。

- 性能

本菜单的滑块有滑动效果，需要一定的硬件性能，不过目前常见平台都能达到流畅效果。如果使用虚拟机运行，那么性能较低，滑动不流畅。另外，各个动态效果的时间默认值为250ms，组件提供接口修改动态效果动画持续时间。

- 输入项

设置所需的滑块资源、分隔条资源、可见行数、子菜单相关属性等，系统提供默认值自动设置所需属性。

- 输出项

（1）子菜单在设备中显示出子菜单项。

（2）切换焦点时滑块有滑动效果。

二级菜单设计结构图如图 7-12 所示。

与一级菜单类似，当滑块滑动时，使用一个 Scroller 实现滑动效果。当内容滚动时，使用另一个 Scroller 调用 ScrollView 的 ScrollTo 接口实现。

图 7-11　流程逻辑图

系统开发与运营跟踪（Development & Operation）

• 流程逻辑

二级菜单处理三个事件，流程逻辑图如图 7-13 所示。

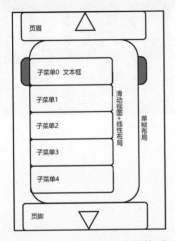

图 7-12　二级菜单设计结构图

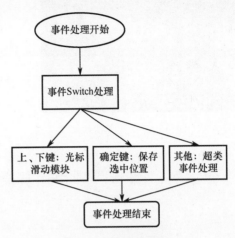

图 7-13　流程逻辑图

Demo 演示：用两个简单的 Demo 来演示菜单及二级菜单的相应功能，包括如何定义和设定该二级菜单，如何操作该二级菜单。Demo 是基于 800×600 分辨率演示的。图 7-14 为 Demo 演示截图。

Demo 演示说明如下。

左、右切换，菜单项改变，如果有子菜单，那么会弹出相应的子菜单；如果连续按左、右键，那么滑块会相应地左、右滑动。指示 1 为一级滑动框，指示 2 为相应一级菜单弹出的二级菜单。

按向下键，进入该菜单下的子菜单，子菜单焦点框随上、下键的变化上、下浮动，进行相应的选择（图 7-15）。如果该菜单数目过多，将使用三角形提示上面或下面还有菜单。指示 1（谍战）为二级滑动框，指示 2（电视栏目下的菜单）为相应一级菜单弹出的二级菜单，指示 3 为三角形提示，若二级菜单过多就会出现。

图 7-14　Demo 演示截图

上、下移动子菜单的滑块，按 Enter 键，可进行相应菜单的选择，这时菜单项的标题变成子菜单的标题（指示 1），子菜单关闭，并且指示方向变成向上（图 7-16）。

当左、右切换到其他菜单时，按 Enter 键，相应的标题变成选择后的子菜单标题，而之前选择的菜单变回原来的标题。

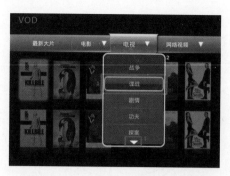

图 7-15　Demo1 二级菜单滑块移动

图 7-16　Demo1 按下 Enter 选择二级菜单后

7.4　综合案例:"某天"项目运营周报

1. 项目背景

"某天"是一个用于快速记事的手机软件,用户可以通过它来记录当前时刻在做的事情和心情,通过使用 widget 和动画的形式,能够给用户提供较强的沉浸感。图 7-18 为"某天"界面流程图。通过分析运营周报,我们能够了解软件的使用情况,对软件设计和运营计划等进行调整,改进用户体验,提升用户的活跃度和黏性。

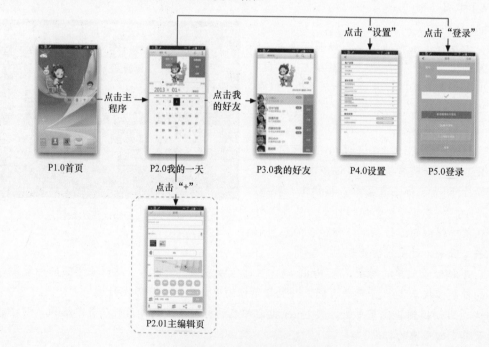

图 7-17　"某天"界面流程图

2．用户情况分析

图 7-18 为"某天"用户情况统计图，其中左图为每日新增用户，右图为累计用户的统计情况。

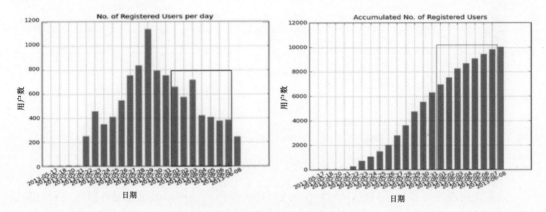

图 7-18　"某天"用户情况统计图

图 7-19 为回头用户数统计情况。回头用户是指非首日使用 App 的用户，从图中可以看出，回头用户数没有形成持续的增加，反而有所下降。表明"某天"应用尚未形成对用户的足够黏性，没有吸引用户持续使用 App。

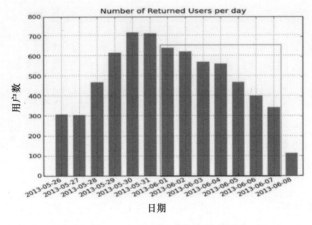

图 7-19　回头用户数统计情况

3．上线时间分析

图 7-20 为用户上线天数的分布情况，其中上线天数仅为 1 日的用户占 63.30%，小于等于 5 日的用户超过 90%。

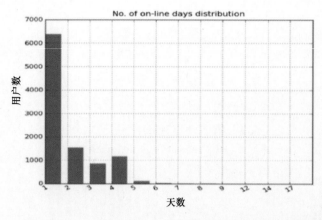
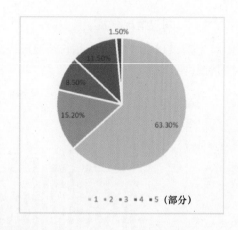

图 7-20　用户上线天数的分布情况

图 7-21 为用户每日操作数量。因为用户进行每次操作的动作都记录在服务器端，所以其每日操作数量可以近似代表每日用户上线时间。从结果可以看出，用户每日上线时间不长。

图 7-22 为用户每日上线时刻的分布图。可以看出，用户上线时间多集中在 7 时至 9 时，以及 0 时。

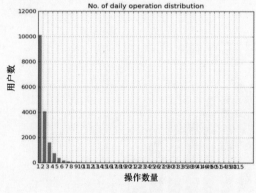
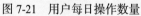

图 7-21　用户每日操作数量

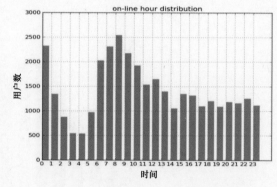

图 7-22　用户每日上线时刻的分布图

4．日记发表数量分析

图 7-23 为用户每日发表日记数量的分析。从图中红色框中数据可看出，该日期内每日发表日记的用户数为 100 ～ 200。

图 7-24 为发表不同日记数量的用户分布。其中约 75% 的用户仅发表过 1 篇日记，超过 90% 的用户发表的数量少于 3 篇。

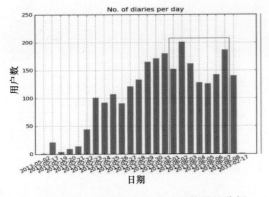

图 7-23　用户每日发表日记数量的分析

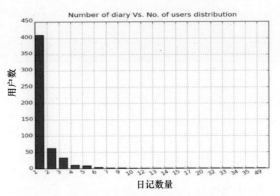

图 7-24　发表不同日记数量的用户分布

5. 应用版本统计

图 7-25 为当前"某天"应用的版本分布示意图。其中，1.0.0_1 和 1.0.1_2 是第一版上线的"某天"应用（不稳定版本），1.0.0_1 和 1.0.1_2 功能相同，1.0.1_2 对安装包进行了优化；1.0.2_3 是目前应用的稳定版本，使用用户数达到全部用户数的 12.50%。

6. 用户机型分析

从图 7-26 可以看出，Android 手机系统版本数量较多的有 Android 4.0.4/4.1.2/2.3.6/4.1.1/2.3.5/4.0.3 等，这些版本应该在后续测试计划中重点进行测试。

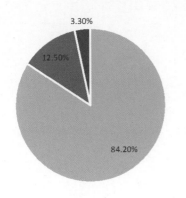

■ 1.0.0_1　■ 1.0.2_3　■ 1.0.1_2

图 7-25　当前"某天"应用的版本

　　　　分布示意图

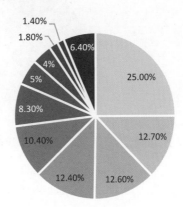

■ 4.0.4　■ 4.1.2　■ 2.3.6　■ 4.1.1　■ 2.3.5　■ 4.0.3　■ 2.3.7　■ 2.3.4　■ 2.2.2　■ 2.3.3　■ 其他

图 7-26　用户手机 Android 系统版本分布

表 7-6 为 Top 20 手机品牌和型号分布情况。总体来看，当前用户使用的手机属于中低端 Android 系统手机，从中可以进一步分析手机用户所属的群体。

表 7-6 Top 20 手机品牌和型号分布情况

1～5		6～10		11～15		16～20	
MI 2	338	GT-I9100	168	GT-N7000	83	ZTE U930	70
MI 1S	279	ZTE-T U880	124	M040	78	GT-I9308	67
GT-I9300	220	HUAWEI C8812	96	HUAWEI C8813	74	GT-I9100G	66
GT-N7100	215	MI 2S	94	GT-N7102	74	GT-S7568	65
MI-ONE Plus	210	MI-ONE C1	84	ZTE U795	74	K-Touch W619	65

7. 下载渠道分析

渠道名称含义如表 7-7 所示。

表 7-7 渠道名称含义

1	应用商城发布，没有进行推广
2～5	分 4 个特定的渠道发布，并进行推广

图 7-27 为"某天"应用的下载渠道分析。从图中可以看出，超过 95% 的用户是从推广渠道获得的。

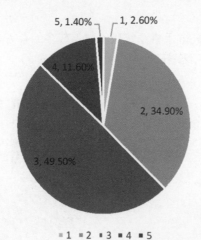

图 7-27 "某天"应用的下载渠道分析

08 交互设计案例实践
（Case Study for Interaction Design）

法无定法，式无定式。交互设计的流程和方法是一个庞大的体系，在具体实践中，设计流程如何实践，设计方法如何选择，都需要具体问题具体分析。在本章中，我们挑选了 4 个用户体验实验室的实际项目，全面、系统地展示交互设计的实践流程、方法选择以及实践结果，以加深用户对交互设计的理解和思考。

8.1 马拉松赛移动应用服务的生态圈分析项目

8.1.1 基于生态圈的马拉松赛用户研究

1. 生态圈

与自然界的生态系统相似，马拉松赛也可以被看成一个完整独立的"生态圈"，如图 8-1 所示为马拉松赛生态圈，马拉松赛的角色包括主办方、商家、参赛者、媒体、观众等，各角色之间相互联系、相互影响。它涉及范围广，持续时间长，参与人数多，存在多个利益相关者，同时，每个人都有明确的角色定位。

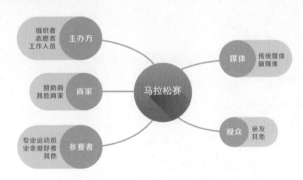

图 8-1 马拉松赛生态圈

以下将介绍我们如何使用观察法、用户访谈法和问卷调查法对马拉松赛生态圈进行用户研究。

2. 观察法

通过观察，我们对马拉松赛生态圈有了初步的了解，并相对客观地总结出"马拉松赛"

作为一个有完整独立体系的生态圈具备的特点。我们选取 4 场马拉松赛作为观察对象，分别为 2013 年 11 月 23 日广州马拉松赛、2013 年 12 月 15 日深圳马拉松赛、2013 年 12 月 22 日珠海马拉松赛和 2014 年 1 月 3 日厦门马拉松赛。在这 4 场比赛里，重点进行观察和记录的内容有：赛事流程、接触点的设置、用户的行为等。另外，4 场马拉松赛举办时间不同，主办方的举办经验存在差异，同时城市地域存在差别，服务设施的设置也存在差异。

根据观察的结果，总结内容如下。

1）群体性参与

马拉松赛是一项具有明显群体性特征的比赛项目。参与人数巨大，存在造成拥堵的风险。另外，群体性参与的比赛会引发群体情绪，服务上的偏颇会引发大规模的反应，如深圳马拉松赛，由于赛前节目安排的时间不当，导致参赛用户的出发时间延后，引发了参赛用户的不满，场面失控。

2）时间跨度大

马拉松赛从开始到结束要耗费 5 ～ 6 个小时，相对其他大型体育赛事，时间跨度较大。参赛用户的位置一直变动且分布广，现场的观众有大量的闲置时间，因此除了常规的赞助商展示，还可能存在更多的服务机会。

3）个体表达

通过对不同场次的马拉松赛的观察，我们发现在群体参与的背景下是个体的自我表达，一是个体健康需求上的满足，二是个体精神需求上的满足。参赛用户希望成为跑道上的焦点，这也衍生出角色扮演等文化现象，尤其是在冲刺阶段，参赛用户的情绪达到最高点。

4）小范围群体的形成

小范围群体聚集的现象一般有几种情况：一是以广告宣传为目的的小范围群体聚集，二是以地区跑团为中心的小范围群体聚集。小范围群体聚集能够提高用户的共同感和归属感，某种程度上也提高了用户的热情度。

5）可携带设备的应用

相机、手机、手表是用户可携带的设备，使用度极高。另外，定位芯片已经在各大赛事普及，但是会存在错误、失灵、记录不准确等情况。

其他相关的观察结果简单总结如下。

• 用户对提升个人跑步技术、获取跑步训练知识有较高的需求。
• 用户参加训练营实质上也是一种社交行为。
• 用户依赖手机记录数据，并对记录结果要求高。
• 用户出发去异地参加或观看马拉松，对预订的酒店位置要求很高，但主办方没有提供相关便利的服务，需要用户花时间查找对比。
• 异地参赛，用户的交通需求较高，需要针对时间做紧凑安排，合理规划行程，同时对相应的票务服务有一定的需求。

3．用户访谈法

生态圈中的每个个体都有自己的明确定位和不同特征，所产生的需求也不尽相同。为了更好地了解马拉松赛这个生态圈中存在的各种需求，我们选取 7 位马拉松用户进行访谈，其中男性用户 4 名，女性用户 3 名，涵盖了资深、爱好、入门三种级别，对应不同的参与体验，例如本地、异地参赛，训练营组织者，初学者等。访谈目的一是验证观察的部分结果，并解答疑惑，二是挖掘用户一些潜在的习惯和需求。不同用户的访谈问题，会根据其回答情况进行调整。

主线问题如下。

（1）"描述您参加过的马拉松赛里，最满意的一场以及满意的地方。"——用于获取用户最直观的比赛体验。

（2）"日常跑步是否结伴？有特别的要求吗？"——用于获取用户最直接的日常跑步体验和需求。

（3）"日常获取马拉松赛相关信息的途径是什么？"——用于考察用户的信息来源以及路径。

（4）"在参与马拉松赛的过程中有没有遇到相关困难？"——用于收集用户的服务体验和痛点。

（5）"如何看待成绩以及成绩发放方式？"—— 一是考察用户参赛目的，二是收集用户对成绩发放形式的看法。

（6）"常用的跑步 App 有哪些？看法是什么？"——可以获得用户对现阶段跑步应用的一般需求和看法。

相关访谈结果总结如下。

用户对于日常的跑步环境要求较高，关注人流量、空气和场地方面。

专业程度和携带物品成正比。越是专业的用户，对随身携带物品的要求会越高。专业程度高的用户，会利用手机、手表等进行个人数据的记录，同时为了应对身体状态的调整，会携带食物、更换的衣服等物品。例如，用户 05 说："跑步完成后要有相应的身体素质练习。"用户 06 说："我会带个小腰包，带个 MP3，腰包里放十元钱和钥匙，再带个普通的电子表和普通快干衣，我也不需要买水，我都会自己调一些饮品喝，跑完后可以去吃早餐。"用户对于所参与赛事的组织服务大体持满意态度。

用户在会场进入、装备领取、成绩领取等服务节点上持"人多，排队等待时间长"的观点。有用户持"服务质量与参与人数有关"的观点，用户 06 说："深马（深圳马拉松赛）人数少，容易提高服务质量。广马（广州马拉松赛）人数也较少，服务质量也就提高了。深马虽然一路只有香蕉，但量多，够选手吃，所以深马跑团一个都没有，厦马（厦门马拉松赛）人过多，组委会管不过来，所以选手只能自己找吃的。"

用户大多比较看重作为完成比赛证明的成绩单，主要是用于纪念，同时由于主办方不同，发放的形式也会有差异，因此不同参赛用户的服务感知结果也存在差异。用户 04 说："那次 10km 没有成绩单吧，特别希望有成绩单，最重要的还是留作纪念。"

在接受访谈的用户里，几乎所有用户都使用过同一款软件，即咕咚跑步。

部分用户表达了报名的问题，主要是名额有限，需要提前进行抢报，另外也有用户是通过组团报名成功的。

用户喜欢向好友分享自己的跑步照片以及跑步数据记录，这是一种个人被尊重和认可需求的表达渠道。

4. 问卷调查法

为获得对马拉松赛生态圈服务需求更为全面的认识，我们采用问卷调查法对参赛用户进行调研。

对收集的调查问卷定量分析，对用户参与马拉松赛过程中的服务需求以及行为习惯进行统计研究，希望获得用户对马拉松赛服务流程的满意度、参与比赛的需求、行为特点等信息。

本次问卷调查共回收有效问卷 171 份，其中参与男性 138 人，女性 33 人，男女比例大概为 4∶1，符合马拉松赛男女参加的常规比例。为了保证问卷质量，选取的用户基本来自马拉松爱好者以及参赛者，且年龄分布合理，其中 19～25 岁的学生群体占 25.73%，25～30 岁的年轻群体占 26.9%，30 岁以上的群体占 46.2%。

调查问卷共设置 20 道问题，并根据用户答案，设计了部分逻辑跳转。调查问卷的组成主要包括四部分：日常的跑步习惯、马拉松赛服务体验、App 功能打分、个人信息。

第一部分是了解用户作为跑者的日常习惯，以及在比赛外的时间的主要活动区域和行为偏好，从而初步了解用户的需求；第二部分是了解参与过马拉松赛的用户，对马拉松赛提供的一般性服务的满意度情况；第三部分提出初步的服务设计的功能，并考察用户的兴趣程度，从而为下一步的设计提供基本的参考；第四部分是用户个人信息填写。

以下选取调查问卷里涉及的几个核心问题以及统计结果进行简要的说明。

（1）用户质量的可靠性。

对"您日常的跑步频率"和"您参加过多少次城市马拉松赛"两道题目进行交叉分析。

从图 8-2 用户调研结果分析可以看出，在参与问卷调查的用户里，没有人同时占据"从没参加过"和"基本不跑"，这保证了本文研究的对象有跑步的经验以及参赛的经历。"从没参加过"的用户有 39 人，占样本总量部分较小。因此可以从该调查问卷里获取到有用的数据。

（2）您在跑步的时候一般会携带以下哪些物品？

由图 8-3 用户携带物品分布统计结果可以看到，大部分用户在跑步过程中会使用手机，而在选其他选项的用户里，用户自行填写的答案大多为零钱、纸巾或毛巾、钥匙等物品，由此可以看出，用户在日常跑步中，存在消费的需要，而钥匙、钱包作为重要的个人物品，涉及安全方面的考虑，因此如何为用户提供放心、安全的跑步环境也可作为之后服务设计的一个重要的考虑角度。

总结整个问卷的调查结果，可以大致得到如下结论。

	Q5:从没参加过	Q5:1次	Q5:2~3次	Q5:3次以上	受访总人数
Q1:基本不跑	0.0% 0	75.0% 6	25.0% 2	0.0% 0	8
Q1:每天都跑	30.77% 8	23.08% 6	19.23% 5	26.92% 7	26
Q1:每周跑几次	20.37% 22	25.93% 28	25.0% 27	28.7% 31	108
Q1:每月跑几次	0.0% 0	55.56% 5	33.33% 3	11.11% 1	9
Q1:没有规律	45.0% 9	15.0% 3	25.0% 5	15.0% 3	20
受访总人数	39	48	42	42	171

图 8-2　用户调研结果分析

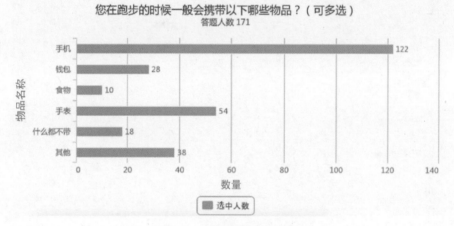

图 8-3　用户携带物品分布

　　现阶段用户对马拉松赛提供的服务的满意度总体较高，推测原因是马拉松赛在国内的发展已有一定时间，各地方赛事相互借鉴学习和吸取经验，相关服务水平已达到一定的标准。

　　参与马拉松赛的用户无论是在日常生活中，还是在参赛过程中，会一定程度上依赖手机，并将其作为记录的工具加以利用，包括记录个人跑步数据、拍照等。

　　用户接收信息更多会依赖新媒体。

　　用户在衡量赛事水平时，赛事提供的服务以及赛事的环境是用户首要考虑的因素。

5. 总结

用户在马拉松赛生态圈的状态，可以划分为日常生活和正式比赛两部分。从图 8-4 中可以看出，这两部分实际是在循环交替进行的，用户从日常的参与转化到比赛的参与，两者具有很高的关联性。用户在不同的流程会产生不同的需求。

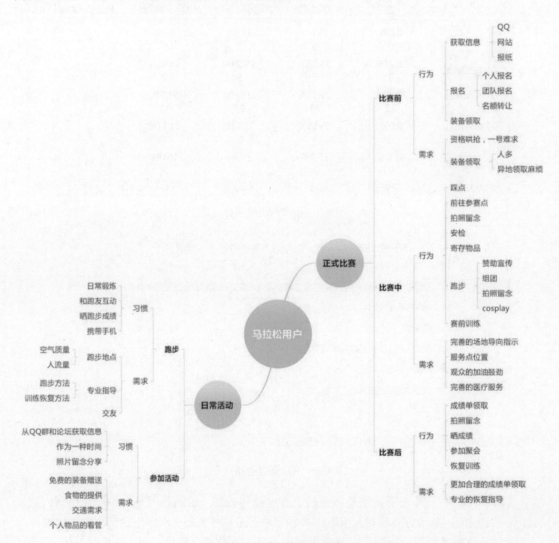

图 8-4   用户需求和习惯

8.1.2   基于生态圈的服务流程设计

马拉松赛生态圈的用户研究结果为我们的概念建模和功能模块设计打下了很好的基础。

1. 服务蓝图

根据实际观察的结果，在马拉松正式比赛中，参赛用户的服务流程是高度一致的。而比

交互设计案例实践（Case Study for Interaction Design）

赛前、比赛后的服务流程会因本地和异地的原因造成差别。在日常生活的维度里，用户在参与不同的活动时需求不同，寻求和享受到的服务也会存在细微的差别。我们可以将比赛前的时间划分为从获取信息到报名成功，将比赛中的时间划分为从出发到冲过终点，将比赛后的时间划分为休整到离开。这三个时间段实际上是可以连接到一起的，由于流程量过大，故分开进行描述，同时也可更细致地区分其中不同的服务。

图 8-5 为服务蓝图图例，可作为 5 张服务蓝图的索引。图 8-6 ～图 8-8 为一场马拉松赛事比赛前、比赛中、比赛后的三张服务蓝图。图 8-9 和图 8-10 则从日常生活的角度，分析用户日常跑步和参与活动的服务蓝图。

图 8-5　服务蓝图图例

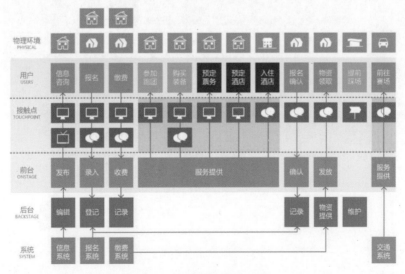

图 8-6　比赛前的服务蓝图

183

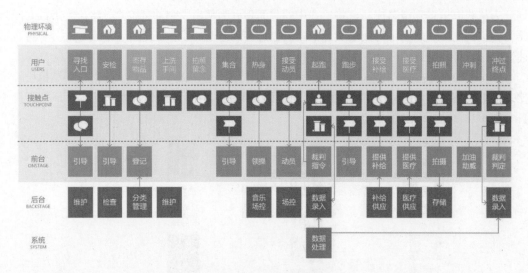

图 8-7　比赛中的服务蓝图

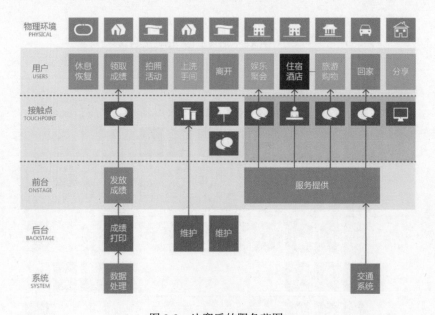

图 8-8　比赛后的服务蓝图

交互设计案例实践（Case Study for Interaction Design）

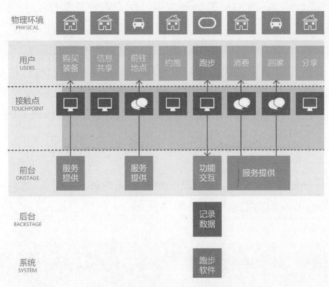

图 8-9　日常跑步的服务蓝图

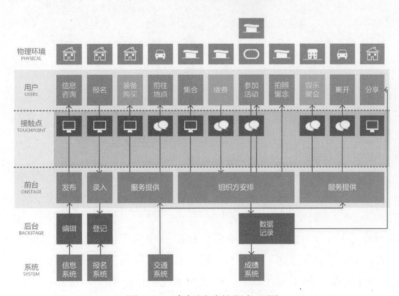

图 8-10　参加活动的服务蓝图

从以上不同阶段的服务蓝图中可以看到存在的不足之处。

· 接触点过多且烦琐，缺乏统一性。过多的接触点可能会造成人力资源的过度消耗，增
加人力成本和资金成本。

· 现阶段主办方提供的服务大多集中在比赛场地，且以比赛为限，脱离比赛的其他附加

或后续服务并没有进行统一的管理和规划，用户需要花费精力去向主办方以外的参与者寻求服务帮助。

- 缺乏完善的数据处理系统，许多信息或服务不能集中处理或提供。

基于此，我们提出在接触点的成员中加入服务型的移动应用，通过移动应用来进行数据的收集，通过后台处理，加以利用并服务用户；通过移动应用替代现阶段大部分接触点的工作，从而大大提高效率，也使得信息处理更加合理；通过移动应用来增加服务的趣味性，增强用户的黏度。

2．功能设计

在对本产品进行功能设计之前，我们先对现有的国内外马拉松移动应用进行了功能层面的对比分析，国内外已有应用功能总结如图 8-11 所示。

App功能点	BMW BERLIN	B.A.A.	PARIS	VIENNA CITY	TCS AMSTERDAM	GOLD COAST	TOKYO	IMAP MYRUN	统计
分享									5
追踪选手									5
新闻									5
路线查询									5
赛事风采									4
比赛结果									3
比赛信息									2
交互地图									2
跑步时间									2
搜索医疗点									2
收集数据									2
体能恢复									2
训练计划									1
历史									1

图 8-11　国内外已有应用功能总结

由图 8-11 可以看到，常用的功能集中在信息的发布与查询，另外许多具体的服务功能，如训练计划、收集数据等很少应用。许多相关的产业没有应用和关联，数据的挖掘和分析也缺乏对应的功能。各个赛事之间不存在联系，缺乏对大范围信息的统一整合与处理。

另外值得注意的是，在国内马拉松赛事里，目前仅有北京马拉松赛进行了相关的应用服务尝试，但是功能仍较少，许多用户需求的功能无法实现。综上，针对国内用户的马拉松赛事服务，移动应用仍然缺乏。

由此，提出的基于马拉松赛生态圈与服务分析的功能设想如图 8-12 所示。

图 8-12　基于马拉松赛生态圈与服务分析的功能设想

3．人物角色与场景

在功能设想的基础上，我们通过场景剧本来模拟、构建各类型用户在马拉松赛生态圈中特定情境下的具体行为。

1）马拉松赛事服务用户角色

（1）第一类人物角色：入门新手型（表 8-1 为入门新手型人物画像）。

表 8-1　入门新手型人物画像

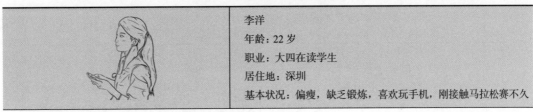

	李洋
	年龄：22 岁
	职业：大四在读学生
	居住地：深圳
	基本状况：偏瘦，缺乏锻炼，喜欢玩手机，刚接触马拉松赛不久

- 抱着好奇的心理参加了 2013 年首届深圳马拉松赛。
- 感受到了举办方良好的赛事服务。
- 在群体参与的过程里体会到了马拉松赛的乐趣，受到感染，激发了参与马拉松赛的热情。
- 渴望获取更多的马拉松赛相关知识，结交更多跑马拉松的好友。
- 希望通过跑马拉松锻炼身体，提高健康水平。

（2）第二类人物角色：爱好活跃型（表 8-2 为爱好活跃型人物画像）。

表 8-2　爱好活跃型人物画像

	小墨
	年龄：30 岁
	职业：教师
	居住地：珠海
	基本状况：热情开朗，待人随和，参与过较多届马拉松赛

- 典型的马拉松赛爱好者，参与到不同的跑马拉松群体中。
- 经常跑步，对跑步环境和装备有较高的要求，随身会携带较多物品，随时记录个人数据。
- 喜欢在参加赛事时穿上角色扮演的服装，和他人分享快乐。
- 经常参加民间组织的各项活动，乐于分享个人跑步经历和经验。
- 喜欢和高手交流，在参加比赛时会科学跑步，不断提升个人成绩。
- 已经不太注重个人的成绩证明，但是很希望有不同的纪念方式。

（3）第三类人物角色：资深用户型（表 8-3 为资深用户型人物画像）。

表 8-3　资深用户型人物画像

	阿伟
	年龄：27 岁
	职业：体育教练
	居住地：广州
	基本情况：体育院校毕业，有专业的训练知识，热爱跑马拉松，参加过多届比赛，并有较好的成绩

- 典型的专业用户，擅长跑马拉松。
- 加入了某个民间跑马拉松组织，并拥有管理权限，专门负责组织训练营活动，为其他成员提供专业的辅导。
- 对跑马拉松已经形成自己独立的见解，希望大家不要追求成绩，身体健康和顺利完赛是最大的成功。
- 注重跑马拉松的环境和装备，随身携带专业的物品。
- 觉得跑马拉松最重要的是气氛，观众的热情可以大大增加赛事的乐趣。

2）马拉松赛用户的任务场景

（1）李洋的任务场景。

参加完马拉松赛，李洋结交了许多热爱马拉松的好友，彼此留下了 QQ、微信等联系方式。

李洋通过好友的介绍，加入了一个民间跑马拉松组织，并在里面认识了更多的人，她在 QQ 交流群里向各位前辈提问各种跑马拉松的知识，包括个人素质提高的方法、跑马拉松装备的选择。但是，由于时间差异的关系，她的许多问题没有得到及时回答。

周五晚上李洋希望邀请群里的好友一起跑步，但很多人没有在线，最终没有找到好友一起跑步。

在跑步的过程中，李洋发现她家附近人流过多、空气浑浊，不适宜跑步，她希望找到更好的跑步地点。

李洋跑完步后，通过手机软件获得了自己的跑步数据，觉得很兴奋，马上通过 QQ 群进行分享，结果说话的人太多，她的分享很快被覆盖了。

（2）小墨的任务场景。

小墨提前获知了厦门马拉松赛的报名时间，守在计算机前抢到了报名资格。

厦门马拉松赛的举办时间和上班时间冲突，他需要跑完比赛后马上赶回家，他仔细研究各个时间段的车票，匹配好时间预订车票。

因为小墨对厦门不熟悉，所以他先上网查找到比赛场地的具体地点，同时为了能早点赶往会场，他还需要挑选就近的酒店。网上推荐的酒店过多，让他无处查起。

他提前前往厦门进行报名确认并领取装备，在寻找领取地点时由于交通原因周转了很长的路，而且排了很久的队才领取成功。

晚上他提前前往场地踩点，以防第二天找不到入口和集合点等。

第二天他起得很早，碰巧找到一位同行的跑友，于是拼车赶往会场。

由于到达时间尚早，现场光线不足，再加上人流过多，因此现场的路标指示没有发挥太多的作用。他们通过志愿者的指点，好不容易找到物品寄存处，然后又排了很久的队上厕所，最后随着人流到达了出发点。

在起跑之前，小墨由于进行了超人的角色扮演，因此吸引了很多人的目光，许多人请求和他合影，他一一满足了他们的需求，觉得十分开心。

开始出发后，小墨由于担心主办方提供的定位芯片出错，所以打开了自己带来的手机进行数据记录，并不时在赛道上拍照留念。

他一心追赶着前方的梯队，但还是渐渐落后，他很想知道自己与前方队伍的差距和现在他所在的位置。

他一路奔跑，最终顺利完赛，冲刺的时候，他觉得自己万众瞩目，个人满足感非常高。

拿到寄存物品后，前去领取成绩时，他又排了很久的队。最后匆匆返回广州。

（3）阿伟的任务场景。

应组织方的要求，周末组织跑友进行训练营活动，阿伟担任这次活动的教练，并通过 QQ 群、群邮件和微信向跑友发送通知。

阿伟记录每个人的报名情况，由于人太多，忙到很晚才整理完毕。

周末阿伟如约到达体育场，但是由于很多人是第一次参加，不知道具体方位，纷纷打电话向他咨询。

人员到达后，阿伟热心教导跑友，传授各种专业知识。有跑友希望参加活动，另外赞助商有商品赠送。

8.1.3　马拉松赛应用及服务设计

我们依据对马拉松赛生态圈调查研究出的结果指导设计流程。

1. 信息架构

我们最终确定马拉松赛移动服务应用的信息架构如图 8-13 所示。

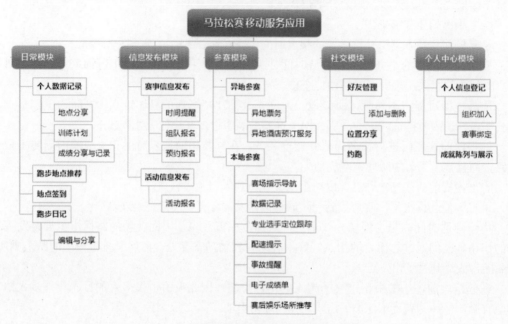

图 8-13　马拉松赛移动服务应用的信息架构

马拉松赛移动服务应用主要由五大模块构成，其中参赛模块作为触发式应用设置。目前全国各地举办的马拉松赛较多，且信息更新不一致，所以希望根据用户参与的实际情况，提供额外的可下载的信息服务包，参赛模块会在用户参赛当天开启应用服务。

由图 8-13 可以看到，具有关联性功能的方框标注了相同颜色，这部分数据和信息将实现共享，打通用户在各个需求模块或在参与各个服务流程时的信息接收和应用渠道。

2. 原型设计

原型设计主要从跑步训练系统、赛事信息服务系统、数据收集与展示系统、社交系统四方面着手。

- 跑步训练系统

该应用的主要功能以 TAB 的形式在应用底部进行切换。四个功能分别是：开始跑步、比赛日历、我的好友、个人信息。其中跑步训练系统可以通过后台系统的数据分析，在用户参加正式比赛之前为其提供科学、有效的训练指导。

- 赛事信息服务系统

赛事信息服务系统主要为用户重新组织赛事各项信息，并通过服务流程的形式展现给用户。用户通过步骤式的交互，接收系统提供和发布的各种信息，减免参赛时许多不必要的步骤，节省时间，为用户提供流畅的参赛服务体验。

• 数据收集与展示系统

用户在日常跑步时的数据以及参加比赛的最终成绩都会被系统收集和分析，是为用户提供其他服务的大数据分析基础。

• 社交系统

马拉松赛移动服务应用加入了部分社交功能，用于加强用户与用户之间的联系，形成更多的群聚效果。

3．可用性测试

界面可用性测试通过用户对手机原型进行操作来完成，对用户遇到的问题和困难进行记录。

跑步操作测试和任务流程测试通过问卷打分来进行评价，采用了 5 分制的量表形式，对 6 名用户的评分取平均值，达到 3 分即表示基本满足用户对可用性的要求。

通过问卷可以看出界面原型基本符合功能设定，且较充分地满足了用户的需求；整个应用逻辑较清晰，操作流程顺畅，符合实际生活中跑步时的使用情况。不足之处在于某些功能的层级设计过深，在后续的设计中可以进行优化；在原型上应该体现更多友好的反馈。

4．界面设计

马拉松赛移动服务应用作为一款帮助用户训练并顺利参与比赛的软件，在进行设计时将软件整体风格定位为健康、简约，以代表自然、健康的绿色为主色调，辅以其他生动的色彩丰富功能表达，图 8-14 为开始界面和记录界面。

图 8-14　开始界面和记录界面

8.2 自助终端用户体验优化设计项目

本项目根据某保健品直销公司的设计需求，依托 UXLab 展开工作。针对该公司的自助终端软件，从软件交互体验、信息架构等方面进行整体用户体验测试与评估。针对"购货"功能模块进行流程优化设计，结合自助终端使用用户体验情况较差的现状，查找原因，分析界面现有的用户体验，在现有功能框架的基础上进行信息架构分析、功能定位，从交互等方面优化提升自助终端的用户体验与可用性。

本项目在该公司自助终端原有已经上线运行的系统的基础上，从用户体验测试出发，分阶段展开交互设计工作，历时 4 个月，完成整个项目的用户体验提升设计工作，图 8-15 为项目实施时间线。

图 8-15 项目实施时间线

8.2.1 用户研究与测试

某保健品直销公司已有自助终端使用多年，图 8-16 为原有自助终端功能架构，我们首先将其原有自助终端功能架构进行梳理，了解软件现状，熟悉公司的业务特点。

在梳理原有自助终端功能架构的同时，我们也作为用户，对自助终端的使用体验进行了初步评估，了解到该自助终端的目标用户群体具有一定的特殊性，因此决定采取访谈与可用性测试相结合的方式进行用户调研。可用性测试是针对原有自助终端进行的，目的是测试自助终端整体流程及各主要功能的交互细节是否合理，发现现有版本的可用性问题。

在正式进行用户调研之前，我们还进行了一次专家访谈，邀请该公司的项目经理、IT 开发人员、软件设计人员等 5 人，就用户群体特征、用户购买产品的业务流程、用户使用自助终端的比例，以及用户使用该自助终端的动机与期望、现有自助终端的使用问题等进行详细讨

交互设计案例实践（Case Study for Interaction Design）

论。访谈发现，用户群体分两类，以女性为主，且有计算机操作熟悉程度不佳等特点，专家访谈总结如图 8-17 所示，这对我们选择被测用户具有启发性。

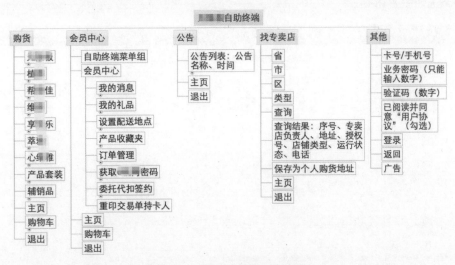

图 8-16　原有自助终端功能架构

	访谈点	结论
用户群体	类别	到访服务中心的顾客主要为业务人员和优惠消费者两类。其中业务人员占85%，优惠消费者占14%
	特征	女性为主，年龄在40岁以上的占92%，在40岁以下的仅占8%。文化及职业不详
	使用计算机	计算机操作熟悉程度不佳，80%第一次使用
服务中心	服务中心的活动	
自助终端	配送方式	
	专卖店存货	
	下单供货周期	
	了解业务流程	
	操作问题	
	更改订单	
	顾客拼单，下单时间	

图 8-17　专家访谈总结

我们分别在广州和上海进行了两场用户调研，一共有 15 名典型用户参与测试。围绕登录、收藏、购货、专卖店等模块，我们设置若干个操作任务，一对一进行设备操作测试，收集用户个性化的操作行为，分析并总结其中的共性和个性特征，提出针对性的修改意见，用户测试结果节选如图 8-18 所示。

所属模块	任务列表	结论及修改意见
登录	任务一：您来到服务中心，看到自助终端这个新设备，想体验一下，于是使用测试账号和密码进行登录。	明显的登录按钮，调整登录按钮的位置或大小
收藏	任务二：登录后，您希望查看有关植雅滋润沐浴露的具体信息，查看过后，您想再考虑一下，先将这个产品收藏，在收藏夹看过之后，下次再决定是否购买。	返回按钮设置更明显，调整收藏夹的位置
购货	任务三：您来到无限极广州服务中心，预计购买三瓶无限极源乐餐粉和两只植雅牙膏，并准备直接在服务中心提货，使用快捷支付完成购买。	1. 直接在产品界面显示增减产品数量 2. 在配送方式选择的时候，每个方式前面有一个明显的符号，可以把三个方式区分一下 3. 订单确定后，不用出现"核对订单"
购货	任务四：再次使用自助服务终端，这一次您想购买2瓶皓得佳厨房油污清洁剂，在添加购物车后，想到上次收藏的植雅滋润沐浴露，决定这次一起结算，选择家居配送直接邮寄回家，并使用账户余额完成支付。	修改配送地址修改的位置及展示形式
购货	任务五：又过了一个月，客户向您订购了5盒无限极增健口服液，您再次来到自助终端机前进行购买。在预览订单时，您突然想到还需再买两盒美资力胶原蛋白果味饮料，两种产品一起结算，选择了在专卖店提货并使用消费积分，购买完成并退出。	单个产品页面加入数量按钮
购货	任务六：在一次浏览自助终端时，您看到屏幕下端无限极儿童口服液产品的广告信息，准备购买一盒，使用快捷支付，直接在服务中心提货。	1. 点击广告进入即可购买 2. 支付方式更加明显一点，罗列清楚一点
专卖店	任务七：您想到天津拓展业务，于是来到自助终端机前，找到"天津市-和平区-全部"的专卖店信息并保存为个人收货地址。	1. 可以直接保存收货地址 2. 在搜索地址的页面内可以看到自己收藏的地址

图 8-18　用户测试结果节选

可用性测试后是一对一的深度访谈，从用户基本信息、使用体验、服务设计三方面向用户提出一系列问题，从用户的回答中获取用户平时使用的基本习惯和对自助终端设计的意见，深度访谈提纲及结果整理节选如图 8-19 所示。

图 8-19　深度访谈提纲及结果整理节选

通过深度访谈收集到个性化的意见后，我们让被测用户稍作休息，所有工作人员开个短暂的碰头会，提取出测试和访谈中的典型问题。这些问题在全体用户及工作人员共同参与的焦点小组中将再度讨论，进一步确认用户的操作习惯和对自助终端的期待。图8-20为焦点小组讨论内容的总结节选。

模块	习惯及期望
服务中心	带新朋友过来服务中心体验，可用自助终端展示公司产品给朋友看。
	除非有特殊情况，否则不轻易来服务中心，一般都是带新朋友来，很少选择在服务中心购物，因为路程太远，货品太重，很难提回去。如果是新开卡的朋友可以买500元左右的日用品，还比较好提。
	服务中心主要是展示实力的地方。
	iPad放在柜台旁边其实没必要，都走到柜台了，一般就直接在柜台购货了。
	平时来服务中心都是很有目的性的，事先计划、安排好，完成任务就走了。希望服务中心给业务人员拓展业务提供帮助：如多设一个导游，可以全面介绍公司、产品情况，帮助业务人员促成成交拓展（带去无限极工厂参观，开卡的成功率就很高）。
自助终端	"找专卖店"的功能还是有存在的必要的，可以帮异地的伙伴查找他们那边的专卖店地址。
	查找专卖店没必要放在首页，已经来到了服务中心，就在服务中心购买了。
	e帆网和手机App也可以查找专卖店，但是在服务中心的自助终端上查找会给人更可信的感觉，毕竟"眼见为实"。
	首页的广告没有链接到购买。
	"我的消息"这个功能很少用到，多数都是靠公司的短信通知获取信息。
	不了解"我的礼品"的功能和内容，以为是积分兑换的礼品，也可以作为吸引新朋友加入的一个方式。
期望／建议	希望服务中心和自助终端成为帮助业务人员吸引新朋友的新工具

图 8-20　焦点小组讨论内容的总结节选

综合用户调研获得的信息和分析结果，我们对该自助终端的优化提出了几个方向。

（1）自助终端的体验提升和功能、风格定位。自助终端是以购货为主流程的平台，应尽可能缩短流程，简单易用，牵动消费者情绪，从而提高消费者注意力、刺激消费。

（2）优化页面信息，改善可用性。以引导用户完成购买目标为主，方便用户选择购买的产品、数量，如在产品详情页增加可增减购买的产品数量的功能，使购买操作更简易。

（3）优化自助终端的购买支付流程。使购买支付流程更符合用户使用习惯，也更简化，最终达到提高用户支付效率的目的。

8.2.2　使用场景设计与功能定位

自助终端摆在该公司的服务中心，作为品牌宣传的一部分，首先承载着公司形象及产品的宣传展示功能，也为业务人员开展工作、为其用户介绍产品信息等提供了便利支持；该公司的业务特征使得业务人员的购货及查询业务具有周期性特征，自助终端的购货、查询订单等功能可以缓解业务人员的服务压力，让用户使用更加便捷。使用场景的功能梳理如图8-21所示。

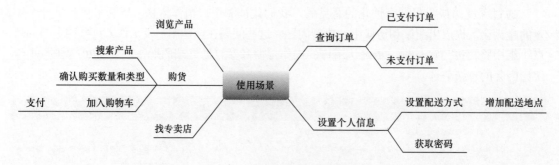

图 8-21 使用场景的功能梳理

结合使用场景的功能梳理结果，我们对自助终端的功能架构重新进行了整理，修改后的功能架构如图 8-22 所示，在原有功能的基础上，对"购货"流程中的信息进行了整合，将原有五步才能完成的支付优化到三步完成，提高支付效率。

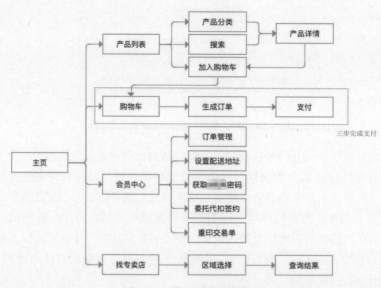

图 8-22 修改后的功能架构

优化功能架构不一定是颠覆的，也不一定要为改而改，而应是综合调研结果、设备及技术局限等客观因素来合理调整，为后面的原型及交互设计做好铺垫。

8.2.3 原型及交互设计

原型设计几乎和功能架构的迭代同时进行，当根据调研产出第一版功能架构时，交互设计师也开始了原型设计，这种并行的工作方式使团队工作更加高效，团队成员可随时沟通、互相激发灵感，帮助项目顺利向前推进。

在开始原型设计之前，我们要先确立页面的基本版式布局，根据人们的阅读习惯及需要站立操作的特点，从左到右、从上到下是基本的设计思路。自助终端的核心功能之一是信息展示，从功能架构可看出，一级只有"产品列表""会员中心""找专卖店"等功能，但二级展开内容就不尽相同了，于是我们在二级页面确立了两种信息布局方式。图 8-23 的左图适用于二级导航菜单（"产品列表"等页面内容），导航菜单显示导航模块，可点击切换导航，展示子模块；内容区则显示导航菜单相应模块的详细信息，并可进行点击操作。图 8-23 的右图适用于"购物车"、结算流程对应页面、产品详情页等信息布局；全局导航安排了"主页""购物车""退出""登录"等功能，起到快速导航的作用。

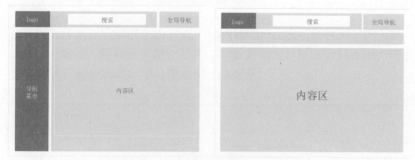

图 8-23　二级页面的两种信息布局方式

原型设计除了要安排好需要展示的信息，还要定义交互逻辑，而交互设计方式既要符合硬件的操作习惯，又要符合信息的展示习惯。在本项目中，自助终端的硬件屏幕为电容触摸屏，操作以点击、滑动为主。下面以"产品列表"导航菜单为例，说明我们的设计思路。图 8-24 为产品导航菜单的交互逻辑，我们直接用最终效果图来说明导航菜单翻页规则。

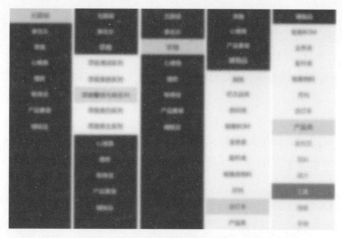

图 8-24　产品导航菜单的交互逻辑

（1）一级标题示例如图 8-24 左起第一列所示，选中状态为灰底，其余一级标题均为红底；

（2）二级标题示例如图 8-24 第二、三列所示，选中二级标题为灰底，其余为白底，再次点击一级标题则收起二级列表；

（3）三级标题示例如图 8-24 第四、五列所示，选中的三级标题为蓝底，再次点击对应二级标题可收起三级列表；

（4）超出左边栏范围的一级标题隐藏，再次点击对应一级标题时恢复成第一列。

在本项目中，原型设计版本进行了三版迭代，抓住了自助终端原有系统中购货、支付流程过于冗长的痛点，进行针对性的优化。图 8-25 以"支付"模块的第一步为例来说明原型的迭代变化。第一版还需四步完成支付，信息展示量较少，页面利用率较低；第二版原型提高了页面利用率，将原本在第二步的信息展示合并到页面下方，使用户在浏览购物车的同时确认配送地址、运费等其他信息；第三版着重优化页面功能按钮的位置、大小等排布，原型确定并进行效果图设计。

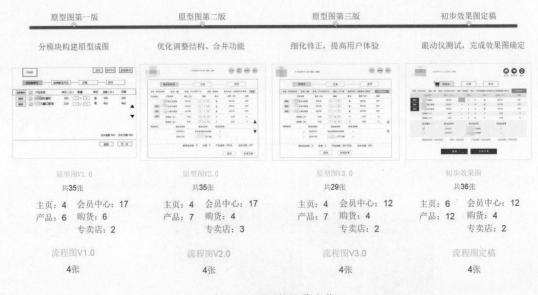

图 8-25 原型的迭代变化

三版原型迭代过程中我们画了百余张页面图，优化了"产品列表""支付流程""搜索"等核心功能的交互逻辑及展示方式，完成了优化的主体工作。

8.2.4 界面设计

界面设计也不会等原型设计结束了才开始，而是在一开始做品牌及用户研究的时候就开始提取关键词收集素材、寻找灵感了。在本项目中，我们结合品牌 VI、企业文化及用户特征，选取了"热情""时尚""清爽 / 简约"三组关键词。

1. 颜色

自助终端主要分为三大模块，因此我们选择三种颜色作为主色调，加入一定的灰度，使它们看起来显得更加沉稳，以此建立起用户对不同功能模块的区分，图 8-26 为主色调选择。

图 8-27 为背景色。由于自助终端的设备为电容触摸屏，操作以点击为主，因此我们将信息进行块状处理，通过调节背景灰度对信息显示区域进行区分，提醒用户进行点击操作。

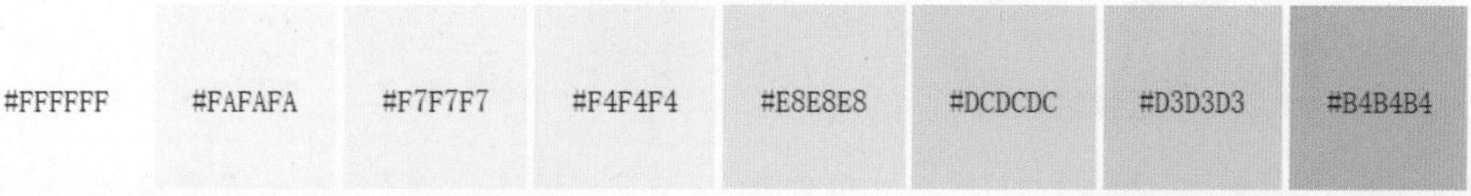

| 产品购货
#B62023 | 会员中心
#EB6D47 | 专卖店
#4B8BA4 |

红色代表　热情；
橘色代表　时尚；
青色代表　清爽/简约。

图 8-26　主色调选择

| #FFFFFF | #FAFAFA | #F7F7F7 | #F4F4F4 | #E8E8E8 | #DCDCDC | #D3D3D3 | #B4B4B4 |

图 8-27　背景色

图 8-28 为辅助色，辅助色选择了较为明亮的颜色，也与该公司"养生"的标签相符。

| #2F8AAA | #16773A |

图 8-28　辅助色

2. 字体

为了有效地表达信息的视觉层次，我们规定了四种字体颜色，视觉层次由高至低如图 8-29 所示。使用颜色的最基本原则，是要保证文字的可读性，不要使用与背景颜色相近的颜色。在字体和字号方面，我们主要选取了以"微软雅黑 regular"为主的字体，根据使用位置和使用场景规定了字体大小，如图 8-29 所示。

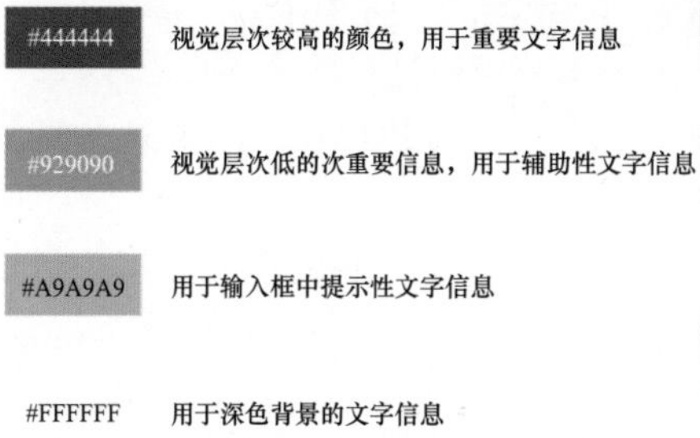

#444444	视觉层次较高的颜色，用于重要文字信息
#929090	视觉层次低的次重要信息，用于辅助性文字信息
#A9A9A9	用于输入框中提示性文字信息
#FFFFFF	用于深色背景的文字信息

使用位置	字体	字体大小	使用场景
重要	微软雅黑regular	24px	用在少数重要标题 如首页标题、模块等
	微软雅黑regular	16px	用在一些较为重要的文字或 操作按钮 如导航栏商品种类等
一般	微软雅黑regular	14px	用于大多数文字 如商品详情、大段文字等
	微软雅黑regular	12px	用于部分文字 如折扣前价格、部分文字描述等
弱	微软雅黑regular	10px	用于少部分特殊文字 如商品页面某些特殊的使用场景

图 8-29　颜色、字体及字号

3. 典型页面效果展示

根据第三版原型设计，我们最终产出多张效果图，每一张页面都做了标注说明，并对相关按钮的不同状态做好切图工作，最后产出设计报告，总结项目整体情况。图 8-30 为典型界面效果展示。

图 8-30　典型界面效果展示

8.3　企业网站设计项目

8.3.1　市场调研与设计研究——竞争产品（竞品）分析

在网站设计初期，项目组成员便开始搜集同类网站，以便进行分析比较，图 8-31 为搜集的同类网站节选。

项目组对搜集到的同类网站进行了筛选，从中挑出优秀、有启发价值的网站，组织讨论并进行竞品分析。

在进行竞品分析之前，项目组成员会系统使用这些网站、感受用户心理，在使用过程中记录相关反馈以及网站中的"闪光点"，只有这样才能正确评估同类网站。在讨论过程中，项目组成员主要就同类网站的视觉风格、页面布局、外观特点、信息展示方式等方面展开了探索分析，并总结出相关的可借鉴经验。例如，对同类网站在页面布局、信息展示方式上的分析归纳如图 8-32 所示。

交互设计案例实践（Case Study for Interaction Design）

图 8-31　搜集的同类网站节选

图 8-32　同类网站分析归纳

项目组成员对网站的视觉风格、外观特点也展开了分析讨论。例如，同类网站的界面普遍比较简单、整洁，追求外观上的舒适感。同类网站页面的主色调以蓝白色为主。项目组成员还针对某些特定的交互细节，选择交互方式突出的网站进行参考、学习，如对其他新颖有趣的导航方式的参考。竞品网站分析如图 8-33 所示。

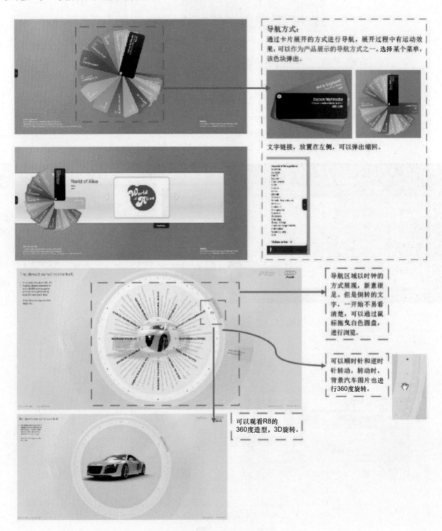

图 8-33　竞品网站分析

总结：
我们可通过对同类产品的分析归纳，从不同的分析维度上得出单一结论，用以了解市场上现有产品的相关信息，更好地把握产品设计方向和发展趋势，站在巨人的肩膀上设计和完善产品。

8.3.2　用户研究——问卷调查

我们决定以问卷调查的形式展开用户研究，通过和公司管理层沟通得知，该网站的主要用户分为房地产商、系统集成商、高收入人群、政府官员 4 类，我们根据第 2 章中表 2-4 的用户调查问卷设计形式，按不同的用户类型梳理问题清单。

梳理好问题清单后，我们将问题逐一细化成独立问卷，以下为"高收入人群问卷调查"的样例，图 8-34 为用户正在填写问卷。

图 8-34　用户正在填写问卷

高收入人群问卷调查

1. 您使用互联网的频率是（　　）。

A．每天　　　　　　　　　　　　　B．每周 3 ～ 4 天

C．每周 1 ～ 2 天　　　　　　　　　D．每月少于 4 天

2. 您平均每天使用互联网的时间是（　　）。

A．1 ～ 2 小时　　　　　　　　　　B．3 ～ 4 小时

C．5 ～ 6 小时　　　　　　　　　　D．6 小时以上

3. 您初次与我们网站接触的方式是（　　）。

A．互联网　　　B．报纸 / 杂志　　　C．传单 / 海报　　　D．电视

E．朋友介绍　　　F．商店　　　　　G．其他 ＿＿＿＿＿＿＿

4. 您对智能家居的理解程度是（　　）。

A．熟知　　　　B．有一定了解　　　C．听说过　　　　D．不了解

5. 您希望在网站上可以获取的信息是（　　）。

A．企业文化　　　　　　　　　　　B．产品信息（型号、价格等）

C．服务 / 技术支持　　　　　　　　D．解决方案

E．相关新闻　　　　　　　　　　　F．联系方式

G．招聘信息　　　　　　　　　　　H．其他 ＿＿＿＿＿＿＿

6. 您认为网站起到的作用是（　　）。

A. 了解产品信息 　　　　　　　　　B. 了解智能家居的行业动态

C. 了解服务 / 技术支持 　　　　　　D. 了解企业

E. 其他 ＿＿＿＿＿＿＿

7. （　　）会促使您访问网站。

A. 购买相关产品 　　　　　　　　　B. 了解行业动态

C. 了解企业 　　　　　　　　　　　D. 寻求解决方案

E. 联系 　　　　　　　　　　　　　F. 其他 ＿＿＿＿＿＿＿

8. 您一般（　　）途径了解智能家居的信息。

A. 通过经常访问的网站的友情链接 　　B. 通过相关报纸杂志

C. 通过相关展会和宣传单 　　　　　　D. 通过业内伙伴、朋友介绍

E. 通过客户代表介绍 　　　　　　　　F. 通过搜索引擎（如 Google、百度等）

G. 其他 ＿＿＿＿＿＿＿

9. 您认为网站内容的（　　）特性是最重要的。

A. 内容的丰富程度 　　　　　　　　B. 内容的实效性

C. 内容的吸引性 　　　　　　　　　D. 内容的针对性

10. 如果您想购买智能家居产品，会（　　）。

A. 联系厂商（如拨打客服热线等） 　　B. 联系当地代理商

C. 通过房地产商（或装修工程师）联系 　D. 联系对这方面熟悉的朋友

E. 其他 ＿＿＿＿＿＿＿

11. 如果您想了解产品的信息，希望从（　　）入手。

A. 系列分类 　　　　　　　　　　　B. 系统分类

C. 功能分类 　　　　　　　　　　　D. 适合户型分类

E. 其他 ＿＿＿＿＿＿＿

12. 对于智能家居产品，（　　）是您关注的方面。

A. 功能 　　　　　　　　　　　　　B. 品牌的可信度

C. 使用的难易程度 　　　　　　　　D. 其他用户的评价

E. 售后服务 　　　　　　　　　　　F. 其他 ＿＿＿＿＿＿＿

13. 初次接触网站的原因是什么？是购买了产品？买了什么？

＿＿＿＿＿＿＿＿＿＿＿＿＿＿＿＿＿＿＿＿＿＿＿＿＿＿＿＿＿＿＿＿＿

14. 您知道其他同行业的品牌或网站吗？您对它们有什么看法？

＿＿＿＿＿＿＿＿＿＿＿＿＿＿＿＿＿＿＿＿＿＿＿＿＿＿＿＿＿＿＿＿＿

15. 您的年龄是 ＿＿＿＿＿＿＿＿＿＿。

16. 您的最高受教育程度是（　　）。

A. 高中 　　　　B. 大专 　　　　C. 本科 　　　　D. 硕士

E. 博士 　　　　F. 其他 ＿＿＿＿＿＿＿

17. 您所从事的行业是 _____。
18. 简单描述您的性格。

_____

_____

19. 简单描述您的生活习惯 / 爱好。

_____

_____

8.3.3　商业模型与概念设计

1. 卡片分类

1）参与人员

我方（网站设计者和开发者）、客户。

2）具体流程

• 准备

因为目标网站的信息量较大，为方便客户（代表目标用户意愿）明确当前网站的主要架构，在卡片分类开始之前，我们经过详细讨论，拟定了如图 8-35 所示的网站导航的基本架构。

• 卡片准备

图 8-36 为卡片标签，除了已经标记好的卡片，设计人员还准备了充足的空白卡片（便利贴），方便参与人员随时添加内容。

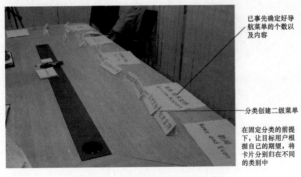

图 8-35　网站导航的基本架构　　　　　　　图 8-36　卡片标签

卡片上的标签命名应尽量简短，但同时须保证卡片的信息内容能被所有参与者理解。必要时，可在卡片上标注一段简短的描述来解释标签。

• 执行过程

首先，我方向客户解释了"卡片分类"的方法和要求——桌面上有一些卡片代表了网站的内容和功能，请根据自己的直觉将卡片放入不同的分组之中；当然，如果您觉得缺少什么，您可以拿起一张空白的卡片进行添加；如果您觉得卡片上的标签不容易理解，您也可以拿起笔对它进行修改。请不要受到其他参与人员的影响。

在接下来的测试过程中，我方与所有在场客户都保证参与测试，并有机会提供反馈。如果其中一名参与者试图"接管"进程，对他人进行选择上的引导，那么旁边的测试协助人员都可对其进行轻声提醒。

- 第一轮卡片分类

第一轮卡片分类要求参与者对网站的一、二级导航及内容进行分类，可在卡片上对标签进行简短注释，说明分类原因。

- 第一轮卡片分类结果

图 8-37 为第一轮卡片分类结果。经过第一轮卡片分类，我们已经可以初步得出网站的具体架构，如图 8-38 所示。

图 8-37　第一轮卡片分类结果

在第一轮卡片分类后，安排一定时间的休息，然后进行第二轮卡片分类。在休息的过程中，参与人员可以对卡片分类的结果进行消化与反思，梳理好自己的想法，为下一轮卡片分类做准备。

- 第二轮卡片分类

经过第一轮卡片分类，我们将没有异议的卡片收走，即网站架构内该部分的内容已经可以基本确定。在此基础上，我们对剩余的卡片再一次进行检查、整理、补充、修改，并对新产生的子群进行标签命名。

在这一轮卡片分类中，参与者被允许大声公开讨论，通过收集这些讨论内容，我们可以更好地揣测用户心理——不同的用户群之间有没有什么相似点？用户之间的需求有什么不同？同时也可以思考该标签命名是否正确，卡片有无摆错位置？从图 8-39 第二轮卡片分类结果可以看出，在进行第二轮卡片分类时，参与者会产生更多的想法，并补充手写卡片。

- 第二轮卡片分类结果

第二轮卡片分类对第一轮卡片分类得出的网站架构进行了一定的调整，第二轮卡片分类梳理架构如图 8-40 所示，架构将用户真正需要的内容保留了下来，并对该内容进行了更加细致、深入的分类。

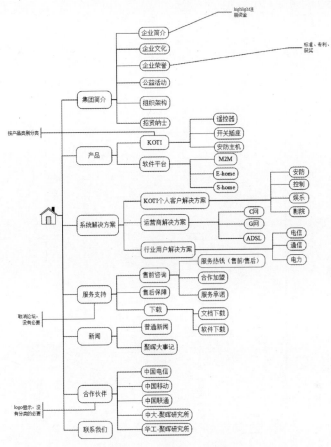

图 8-38　网站的具体架构

图 8-39　第二轮卡片分类结果

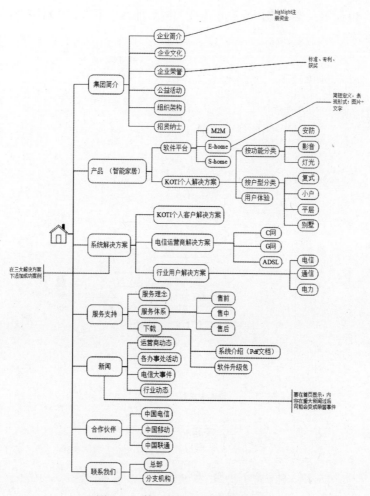

图 8-40　第二轮卡片分类梳理架构

- 第三轮卡片分类

这是本次测试中的最后一轮卡片分类。第三轮卡片分类并非只是对第二轮卡片分类的细化，而是对整个架构的重新审视，注重对二级菜单的调整，需要更多地考虑网站各部分内容的表现形式。

- 第三轮卡片分类结果

第三轮卡片分类结果如图 8-41 所示，这一轮卡片分类结果很好地表现了相关人员对用户需求的理解与解决。

3）总结与反馈

通过卡片分类，我们得到了网站信息的整体架构草图（如图 8-42 所示），可深刻理解网站用户真正需要的是什么。我们最终的目的是让网站变得简单、易用。

图 8-41　第三轮卡片分类结果

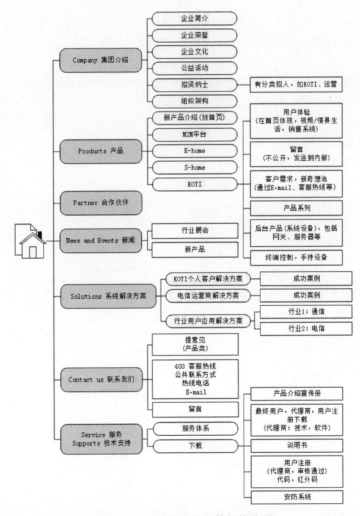

图 8-42　网站信息的整体架构草图

2. 词汇定义

网站关键词的设置要与网站主题高度相关，应该精准且具有针对性。该公司是一家专注于智慧生活产品服务、研发及运营的大型高科技公司，它的核心产品是智能家居，因此网站核心内容就是推广智能家居产品。

我们初步可以明确该网站的关键词应该有“智能家居”或是与“智能家居”高度相关的词汇。

当然，按照个人观点确定的关键词并不一定符合用户习惯，对于同一个搜索目的，用户可能会用各种不同的词汇来描述搜索内容。从用户的角度出发，我们可以借助一些调查、数据统计和一些关键词发掘工具来帮助我们选择和分析关键词。

因此我们先通过百度词条搜索，收集了大量与“智能家居”同义或相关的词条以及所属的开放分类。

关于“智能家居”，在百度词条中找到的同义词有：

智能小区、远程监控、家居智能、家庭自动化、楼宇控制、楼宇智能化。

相关词条有：

楼宇自控、楼宇弱电工程、智能工程、智能化小区、家庭自动化、远程监控、楼宇自动化家居智能化、楼宇智能化、智能小区、一卡通。

开放分类有：

装修、系统集成、弱电、智能建筑、智能小区。

为了更深入地获悉目标用户的习惯，除了对“智能家居”进行词义上的搜索，还应了解“智能家居”通常在什么情况下会被用户作为搜索内容。

在百度知道中，与“智能家居”关联出现的搭配词语有（以项目时间为准）：

别墅、系统、产品、公司、专业。

它们搭配出现的相关问题如图 8-43 所示。

与“智能家居 公司”相关的问题：

- 扬州有做智能家居的公司吗？ [公司]
- 奉化有哪些做智能家居比较好的公司？ [公司]
- 西安智能家居，哪个公司比较好 [公司 西安]
- 西安哪有智能家居公啊？我要开发。 [公司 西安]
- 南京有没有致力于智能家居的公司？ [公司]

与“智能家居 产品”相关的问题：

- 我现在想经销智能家居产品，但市场还很空白，访怎么把这个高... [产品]
- 安徽亳州有卖智能家居产品的吗？住房有吗？ [产品]
- 智能家居产品的报价 [产品]
- 你见过把音响系统当智能家居产品买的人吗 [系统 产品]
- 有没有可用短信遥控的智能家居产品 [产品]

与“智能家居 系统”相关的问题：

- 青岛谁家有顶级的智能家居系统 [系统]
- 智能家居系统 [系统]
- 在上海市场上智能家居系统顶级品牌 [系统]
- 怎么开展智能家居系统的 客户开发工作 [系统]
- 智能家居系统是什么 [系统]

与“智能家居 别墅”相关的问题：

- 我刚刚买来的别墅，需要做智能家居，地点在温州啊
- 我刚刚买来的别墅，需要做智能家居，地点在杭州啊啊啊
- 刚刚买来的别墅，需要做智能家居
- 我想在浙江装修一套智能家居别墅
- 想在广州装修一套智能家居别墅

与“智能家居 专业”相关的问题：

- 苏州哪有专业做智能家居的公司 [公司]
- 郑州有没有专业做智能家居的公司 [公司]
- 洛阳有没有专业搞智能家居的？想问问装修智布线的事情？
- 寻求吉林省智能家居专业公司网站，最好是长春的 [公司]

图 8-43　智能家居搭配出现的相关问题

而对于英语的关键词，我们通过 Google Adwords 进行追踪处理。

smart home 的同义词有：

automation、control、smart home programme、smarthome。

出现频率较高的搭配词语有：

smart homes、china+smart home、home smart、devices+smart home、smart home+ technology、smart home+design、smart home+devices、smart home automation+server、smart home technology+control。

添加链接有：

ge smart home（链接）、china x10 smart home system（链接）。

对于关键词的选择，我们需要对搜索结果进行综合竞争程度、平均搜索量、广告排名等方面的考虑。因为网络上主题相同的网站非常多，用户搜索同一个主题所使用的关键词可能含义相同而字不同，在选择网站关键词时应尽量选择搜索量多而竞争度小的关键词。这也是为了在搜索相关的关键词时可获得较高的排名。表 8-4 为中文关键词搜索排名，图 8-44 为英文关键词搜索结果。

表 8-4　中文关键词搜索排名

关键词	估算广告排名	广告客户竞争度	大致搜索量：12 月	大致平均搜索量
智能家居	9	0.93	40 500	27 100
智能家居 系统	9	0	3600	3600
智能家居 产品	5	0	4400	1900
家居智能	0	0	1300	1300
智能家居 控制	5	0	1300	1300
智能家居 设计	0	0	1600	720
智能家居 公司	2	0	−1	720
智能家居 有限 公司	2	0	−1	140
智能家居 集成	2	0	−1	46
智能家居 装修	2	0	−1	46
智能家居 用品	2	0	−1	25
智能家居 杂志	2	0	−1	22
智能家居 生活	2	0	−1	−1
现代 智能家居	2	0	−1	−1
家居	2	0.93	1 220 000	1 000 000
家居 饰品	2	0	135 000	90 500
宜家家居（链接）	2	0	60 500	60 500
智能化	2	0	60 500	60 500
家居 设计	2	0.33	49 500	49 500
智能 交通	5	0	40 500	40 500
家居 时尚	2	0	33 100	27 100
智能 卡	5	1	33 100	49 500

（续表）

关键词	估算广告排名	广告客户竞争度	大致搜索量：12月	大致平均搜索量
生活 家居	2	0	33 100	33 100
门禁 系统	5	0.26	27 100	27 100
智能 建筑	2	0.26	22 200	22 200
创意 家居	5	0	18 100	18 100
楼宇 对讲	5	0	18 100	18 100
可视 对讲	5	0	18 100	18 100
智能 网络	2	0	12 100	9900
停车场 系统	5	0	12 100	9900
智能 设备	9	0	9900	8100
加盟 家居	2	0	8100	8100
智能 产品	5	0	8100	5400
智能小区	5	0.33	8100	8100
电力 仪表	2	0	6600	5400
智能 家庭	2	0	5400	4400
杂志 家居	2	0	4400	5400

Keyword	WT Count	Google	Yahoo	MSN	Overall Daily Estimates
smart home	67	83	24	10	118
smart homes	20	25	7	3	35
shipping container smart homes	16	20	5	2	28
china smart home automation system	7	8	2	1	12
ge smart home(链接)	7	8	2	1	12
home smart	7	8	2	1	12
smart home technology atlanta ga	7	8	2	1	12
devices for a smart home	6	7	2	0	10
china smart home system	5	6	1	0	8
china x10 smart home system (链接)	5	6	1	0	8
example of smart homes	5	6	1	0	8
smart home and technology	5	6	1	0	8
china smart home automation server	4	5	1	0	7
inside the smart home	4	5	1	0	7
living smart homes	4	5	1	0	7
smart car home page	4	5	1	0	7
smart home design	4	5	1	0	7
smart home devices	4	5	1	0	7
smart home technology control user	4	5	1	0	7
bruce williams - smart money - renting	3	3	1	0	5
does home smart do plumbing work	3	3	1	0	5

图 8-44 英文关键词搜索结果

通过对搜索结果的综合比较，我们初步确定了该公司网站的关键词，建议如下。

选择主要关键词有：

智能家居＋系统、智能家居＋产品、智能家居＋控制。

选择其他待参考关键词有：

家居＋设计、智能家居、楼宇对讲、可视对讲、智能＋设备、智能＋产品、智能＋家庭。

添加链接有：

宜家家居。

为了与客户更好地进行沟通交流，我们还提供了以下内容。

中文网站中可突出的关键词有：

智能小区、远程监控、家居智能、家庭自动化、监控、视频监控、家庭背景音乐、可视对讲。

与智能家居搭配出现的词语有：

别墅、系统、产品、公司、专业、控制、设备、楼宇、设计。

添加链接有：

宜家家居。

英文中可突出的关键词有：

automation、control、smart home programme、smarthome、smart homes、home smart

与 smart home 搭配出现的词语有：

china、devices、technology、design、devices、server。

通过以上分析，我们可以总结出关键词建议的相关原则：

（1）应该与网站主题高度相关，有行业针对性；

（2）关键词要精准，但适用范围不能太窄；

（3）了解用户习惯，可以借助一些调查、数据统计和一些关键词发掘工具来帮助我们选择和分析关键词；

（4）尽量选择搜索量多而竞争度小的关键词。

8.3.4　信息架构与设计实现

1. 纸上原型设计

经过一系列探讨分析，项目组成员绘制出公司网站架构图，确定各模块的内容，如图 8-45 所示。随后，我们开始制作纸上原型，并逐步迭代。在可用性测试中，纸上原型因其可操作性强，而发挥了重要的作用。

在确定网站架构的基础上，我们把网页各部分元素用卡片或纸条表现出来，图 8-46 为准备纸上原型材料，运用卡片和纸条的好处是便于原型的修改和重建，且操作灵活。同时我们可对卡片和纸条进行适当分类，提高后续的原型设计效率。

通过前期充分、合理的准备，我们开始纸上原型的实践操作。在纸上原型设计中，项目组成员着重讨论了各部分元素在网站页面中的布局位置——如何才能最符合用户的使用习惯？如何才能使网站信息展示得最全面、合理？从图 8-47 和图 8-48 中可以看出当时项目组尝试了多种组合方式。

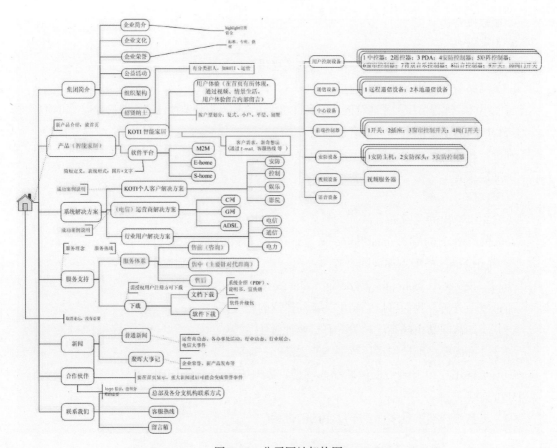

图 8-45　公司网站架构图

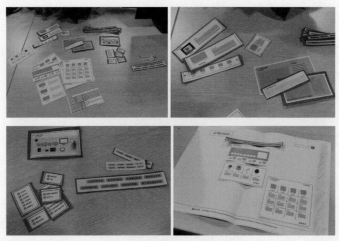

图 8-46　准备纸上原型材料

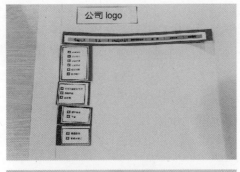

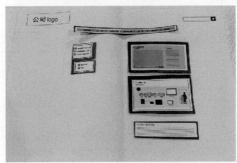

项目组成员在纸上原型设计过程中利用卡片和纸条在背板上的组合排列，将自己脑海里的设计方案表达出来，使别人易于理解；同组成员也可以对该方案表达自己的想法、意见，甚至推翻其方案；通过对已有方案的不断推翻整合，最终形成一致认可的该网页最合理的布局方式。

图 8-47　调整纸上原型元素

　　由于纸上原型不便于保存，因此在纸上原型的每次定型时，我们可以将它拍摄下来保存和回看。项目组成员把拍摄下来的照片在计算机中经过加工、重做，得出样板图片并打印出来，对于同一页面的多张纸上原型样板，我们可以对它们进行重新审视，并选出最符合用户习惯和设计规范的一张。图 8-49 为当时较为确定的首页原型布局。当完成纸上原型的设计之后，我们就可以邀请真实用户来进行可用性测试了。

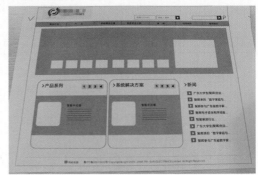

图 8-48　尝试新的布局　　　　　　　　　　　　图 8-49　首页原型布局

值得注意的是：

纸上原型并不是产品本身，并不能够给测试用户带来产品的情感冲击。它只是将信息架构和页面布局以可视化的形式展现出来，方便检阅全局问题，也方便测试用户提供自己的真实观点和反馈。

2．线框原型设计

通过制作纸上原型，项目组成员明确了该网站的功能模块布局。

在进行线框原型设计时，我们需要对纸上原型的结果进行审阅、反思，并详细参考。在此阶段，我们要重点描述出内容及逻辑关系。

线框原型有多种表现手法，可以采用手绘，也可以借用图形设计软件以及其他原型设计软件（如 Axure RP、Mockups 等）完成。手绘原型是最简单、直接的方法，可以快速表现产品轮廓。图 8-50 为企业网站手绘原型初稿。

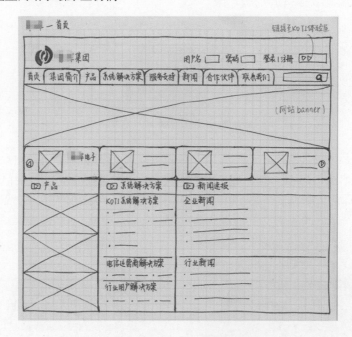

图 8-50　企业网站手绘原型初稿

手绘原型在初期验证页面布局时十分高效，可以将功能需求以线框结构的方式展现出来，且易于修改、重建。

在纸面上演练、验证我们的构思想法后，我们还可以利用原型设计软件来更好地表现产品的功能需求和交互需求，制作交互原型。

图 8-51 是利用 Axure RP 软件制作的线框原型，可以实现单击功能按钮和页面跳转的效果，使我们清晰、直观地了解产品设计效果。

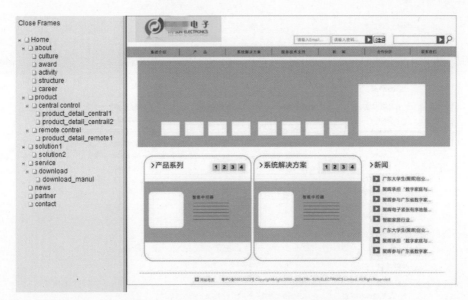

图 8-51　利用 Axure RP 软件制作的线框原型

线框原型设计技巧如下。

- 确定具体的导航架构

在线框原型中，全局导航、次级导航以及局部导航之间的关系应该在模拟使用流程中得到充分的体现，将导航结构形象化表现出来，即要能保证整个用户流程的实现。

- 注重细节

在线框原型制作过程中，我们要注重对功能细节的详细描绘，不能只使用一个方块来代替一个组件，要描绘出所有相关的元素，包括功能按钮和文字注释，甚至是标题的长度范围。细节越到位，线框原型的展示效果就越逼真、越符合用户真实的使用效果。

我们可以利用线框原型模拟用户在网站浏览过程中为了达成使用目标可能执行的所有步骤。因此线框原型是进行早期可用性测试的有效方法，方便我们尽早发现和解决网站功能架构方面的设计缺陷。

3．站点地图设计

对于小型网站，站点地图可以罗列网站的所有信息，图 8-52 为公司网站站点地图，罗列了网站的所有信息。值得注意的是，对于大型网站，如果网站页面数量太庞大，站点地图并不一定需要罗列所有页面的链接，因为站点地图包含太多链接不便于用户浏览，会造成不好的用户体验。有时我们需要从中挑选出重要的页面显示在站点地图上。

站点地图的位置通常出现在每个页面的底部，如图 8-53 所示，它可帮助用户在内容页和搜索引擎之间跳转，寻找所需的信息。

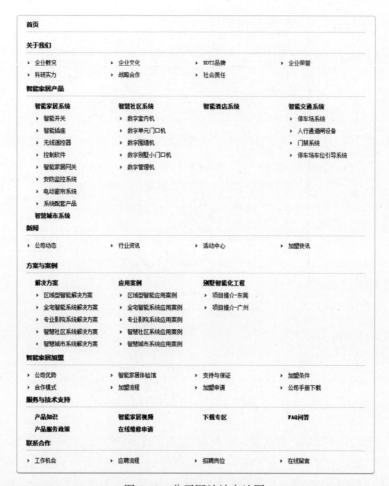

图 8-52　公司网站站点地图

图 8-53　站点地图的页面位置

随着网站架构和页面内容的调整、修改，站点地图也需要经常更新。维护站点地图的方法有两种：自动更新和手动更新。

4．界面风格设定

对于公司网站的界面风格的设定，项目组成员可遵循以下步骤。

- 参考同类型网站

在进行界面风格设定前，我们可以先参考优秀且受众群体较大的同类型产品网站，重点

交互设计案例实践（Case Study for Interaction Design）

参考它们的网页风格、色调、字体、行距、边框类型等，分析其优劣之处，吸取经验。同时，也可对搜集到的界面风格相似的优秀网站进行类比归纳，总结出该类网站的界面风格特点。图 8-54 为对比同类优秀网站的界面风格特点后做的分析说明。

此类网站界面风格特点：
1. 界面风格整体以简洁为主，简约的设计减轻了用户的视觉负担；
2. 网页以蓝白色调为主，偏冷色调；
3. 留白空间较多；
4. 功能模块布局较规整。

图 8-54　对比同类优秀网站的界面风格特点后做的分析说明

通过对同类优秀网站界面风格特点的分析比较，可以归纳出相关结论，作为我们设定界面风格时的参考准则。

• 明确网站用户群体

对于界面风格的设定，要从用户角度出发，明确网站用户群体。该公司是一家专注于智慧生活产品服务、研发及运营的大型高科技公司，其网站用户群体以高收入家庭以及装修工程承包商为主。针对此类目标用户群体，项目组在界面风格的设定上给出了相关性和针对性较高的建议。

• 与客户进行充分的沟通交流

在界面风格设定这一问题上，与客户（需求方）的合作讨论也是必不可少的，在很大程度上，客户的需求就代表了客户的意愿。我们可以就前期得出的界面风格建议为客户进行详细讲解，同时听取他们的反馈意见，在双方交流讨论的基础上达成共识。项目组成员可以就讨论结果开始界面风格的设计，由 UI 设计师做出相应的风格效果图。图 8-55 为首页动画效果图。

对于初步做好的效果图，项目组应该通知客户浏览审阅，再次讨论该界面风格设定是否符合客户需求并补充修改意见。

只有经过以上步骤才能最终确定界面风格的设定。

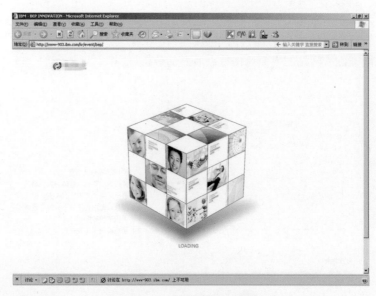

图 8-55　首页动画效果图

　　值得注意的是：网站的界面风格并非是一成不变的，在后期的优化阶段有可能会进行相应修改，甚至推翻原有的设定。随着客户方需求的变化，网站的界面风格也应有所调整、变化。

8.3.5　设计评估与用户测试——可用性测试

　　测试对象：公司网站纸上原型。

　　在可用性测试开始之前，必须先明确测试目的。

　　可用性测试是为了探讨用户与产品或产品原型在交互过程中的相互影响，从而对现有的角色场景和原型进行修改和完善。通过多次测试，项目组成员可以发现用户在使用过程中的需求，从而提出修改意见，最终帮助优化该产品或产品原型。

1. 测试准备

　　（1）确定测试实施人员。

　　测试实施人员须在测试过程中照看好测试用户，管理测试场景。

　　（2）确定测试观察人员。

　　项目组成员都必须观察、聆听测试用户的行为、评论、反馈，并做好笔记。

　　（3）确定测试用户类型。

　　本次可用性测试用户确定为房地产商、系统集成商、高收入人群、政府官员 4 类。

　　（4）确定测试计划。

　　测试计划中最重要的内容是描述本次可用性测试的目的以及如何来完成，设置好场景任务供用户测试时使用（用浅显的语言描述测试中角色要完成的典型任务，以便观察、记录用户在特定的情境和目的下应用产品的运行状况）。

例如，在用户角色场景中可确定如下测试计划。

目标用户：系统集成商。

任务描述：找到适合自己承接项目的系统和产品，以及是否有新产品符合自己客户提出的新要求。

提醒：在开始可用性测试之前，可以先进行一次预测试。找一个新手用户（与测试用户背景相似为佳）进行一次测试，可以预估正式进行的可用性测试需要多长时间，以及发现没有考虑到的问题和情况。

2．招募用户

可以通过发送邮件或者电话联系的方式告知测试用户此次可用性测试的主题、测试地点、测试时间的长短、报酬等，须确保如期招募到指定数量的用户及符合目标用户特征的用户群。图 8-56 为邀请函模板，可根据实际项目需求做相应变化。

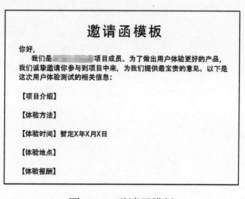

图 8-56　邀请函模板

3．测试

（1）先向测试用户介绍本次可用性测试的具体内容和相关事项，告诉用户要做什么，尽量使用通俗易懂的日常用语，避免专业术语。

（2）把写有角色任务的卡片交给相应的用户，请他／她完成。

注意事项：在测试进行过程中，测试实施和观察人员须尽量减少与用户的交流，避免诱导与过多解释，保证测试用户独立完成测试任务。要随时记录遇到的问题及产生的假设。

记录文档须包含以下内容：

① 用户类型；

② 用户角色任务；

③ 具体操作流程，可详细描述每个操作步骤；

④ 完成该任务的时间；

⑤ 发生错误的个数及描述，要特别注意界面误导用户的次数及操作路径；

⑥ 在错误上耗费的时间。

（3）询问用户总结性的描述。

用户在完成测试后，项目组成员须主动询问测试用户对产品（公司网站模型）的印象，他们在哪些地方会感到困惑，有哪些可以使产品更容易使用的建议，在测试过程中是否还有其他关于操作或界面的问题。项目组成员可以先让测试用户浏览一遍在观察测试过程中产生的记录文档，询问测试用户文档中有无缺漏或不准确的地方，以便修改。

4．对测试结果进行整理与分析

项目组成员对测试过程收集的数据进行整理与统计分析，包括用户完成每个测试的平均时间、出错次数等。

在收集和整理好所有与测试相关的资料后，项目组成员就可以着手撰写可用性测试报告了。测试报告应对整个测试过程有详细完整的描述，包括用到的测试方法、测试细节和结果分析。同时还应对用户在测试过程中遇到的问题加以描述和建议。

根据可用性测试得到的结论，可以对产品的设计进行相应修改和完善，使之更符合用户需求，提供更好的用户体验。

可用性测试是一个在设计流程中反复使用的方法，在每个阶段都发挥着重要的作用。在各个阶段（如分别针对低保真原型、高保真原型），可用性测试的动机和目的都有相应的变化。

8.3.6 系统开发与运营跟踪

在此阶段之前，项目组成员已经搭建好公司网站架构（如图 8-45 所示）。搭建架构的流程可以分为两个阶段：（1）项目组成员结合每个类型用户的场景分析结果，搭建最初的网站架构；（2）进行内部成员的卡片分类和公司高层的卡片分类测试，对内容和功能进行多次调整，得出最终的网站架构。

在网站架构确定后，项目组成员进行了原型设计和原型测试，网站的开发设计以最终版的原型为基础。

项目组成员需要分析网站的主要用例，设计搭建网站的数据库，然后分模块设计、开发网站。

依据前期的需求收集和分析对主要用例进行分析。

需求收集和分析是一个十分庞大的过程，我们先要确定目标用户群体并进行用户特征描述，然后针对不同类型用户设计详细访谈问卷，收集用户需求信息。通过对访谈进行总结分析，可以得到对应的用例图和顺序图。

项目组成员结合网站架构对原来的用例图和顺序图进行适当的修改，使用例更切合使用习惯。图 8-57 为最初的用例图和顺序图，图 8-58 为修改后的用例图和顺序图。

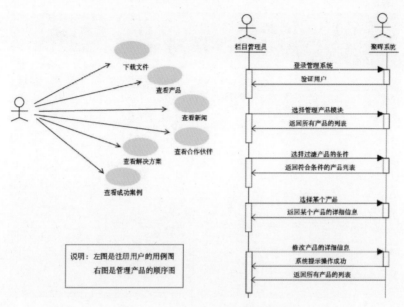

图 8-57　最初的用例图和顺序图

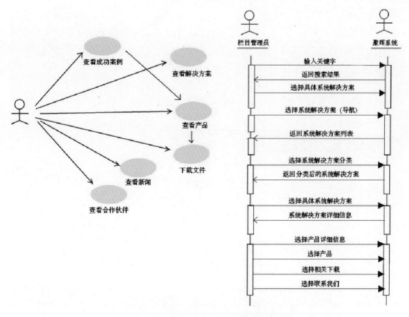

图 8-58　修改后的用例图和顺序图

同时，我们可以根据获取的用户需求结果（访谈总结和场景分析结果）得到初步的领域模型，如图 8-59 所示。

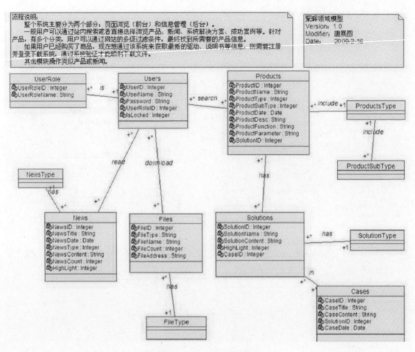

图 8-59　初步的领域模型

在有了用例图、顺序图和领域模型之后，就可以开始着手搭建网站系统架构了。图 8-60 为系统架构，随后进行网站程序搭建工作。

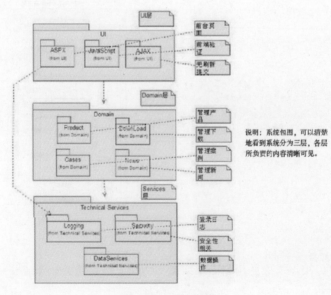

图 8-60　系统架构

交互设计案例实践（Case Study for Interaction Design）

为了储存和管理大量信息，需要设计建立一个数据库，图 8-61 为公司网站数据说明表。

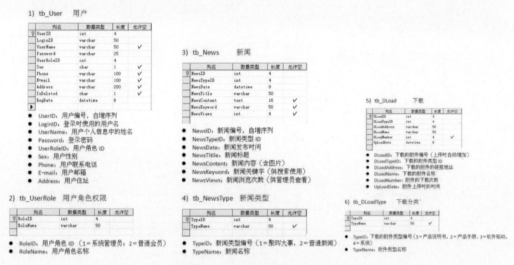

1) tb_User　用户

- UserID：用户编号，自增序列
- LoginID：登录时使用的用户名
- UserName：用户个人信息中的姓名
- Password：登录密码
- UserRoleID：用户角色 ID
- Sex：用户性别
- Phone：用户联系电话
- E-mail：用户邮箱
- Address：用户住址

2) tb_UserRole　用户角色权限

- RoleID：用户角色 ID（1＝系统管理员，2＝普通会员）
- RoleName：用户角色名称

3) tb_News　新闻

- NewsID：新闻编号，自增序列
- NewsTypeID：新闻类型 ID
- NewsDate：新闻发布时间
- NewsTitle：新闻标题
- NewsContent：新闻内容（含图片）
- NewsKeyword：新闻关键字（供搜索使用）
- NewsViews：新闻浏览次数（供管理员查看）

4) tb_NewsType　新闻类型

- TypeID：新闻类型编号（1＝聚晖大事，2＝普通新闻）
- TypeName：新闻名称

5) tb_DLoad　下载

- DLoadID：下载的附件编号（上传时自动增加）
- DLoadTypeID：下载的附件类型 ID
- DLoadAddress：下载的附件的链接地址
- DLoadName：下载的附件名称
- DLoadNumber：附件的下载次数
- UploadDate：附件上传时的时间

6) tb_DLoadType　下载分类

- TypeID：下载附件类型编号（1＝产品说明书，2＝产品手册，3＝软件驱动，4＝系统）
- TypeName：附件类型名称

图 8-61　公司网站数据说明表

接下来，可以分模块设计网站，实现系统各模块功能，需要我们综合调度各方面内容和开发工具。开发人员必须从多方面考虑、多角度分析，从细节做起，共同协作才能实现前端模块化开发的目的。图 8-62 为网站开发时创建的模块，图 8-63 为每个模块之间的组织关系图。

📦 **表**

PC-20080926161619\数据库\juhui\表

名称	架构	创建时间
📁 系统表		
🗐 tb_Case	dbo	2009-3-2
🗐 tb_Company	dbo	2009-2-10
🗐 tb_CompanyType	dbo	2009-2-10
🗐 tb_Cooperation	dbo	2009-2-22
🗐 tb_CooperationType	dbo	2009-2-4
🗐 tb_DLoad	dbo	2009-2-17
🗐 tb_DLoadSubType	dbo	2009-2-6
🗐 tb_DLoadType	dbo	2009-2-6
🗐 tb_News	dbo	2009-2-20
🗐 tb_NewsType	dbo	2009-1-17
🗐 tb_ProductType	dbo	2009-1-9
🗐 tb_SHEquipmentType	dbo	2009-2-9
🗐 tb_SHProduct	dbo	2009-2-21
🗐 tb_SHProductType	dbo	2009-2-9
🗐 tb_Solution	dbo	2009-2-4
🗐 tb_SolutionType	dbo	2009-1-9
🗐 tb_Style	dbo	2009-2-9
🗐 tb_User	dbo	2009-1-18
🗐 tb_UserRole	dbo	2009-1-8
🗐 tb_UserTest	dbo	2009-2-22

图 8-62　网站开发时创建的模块

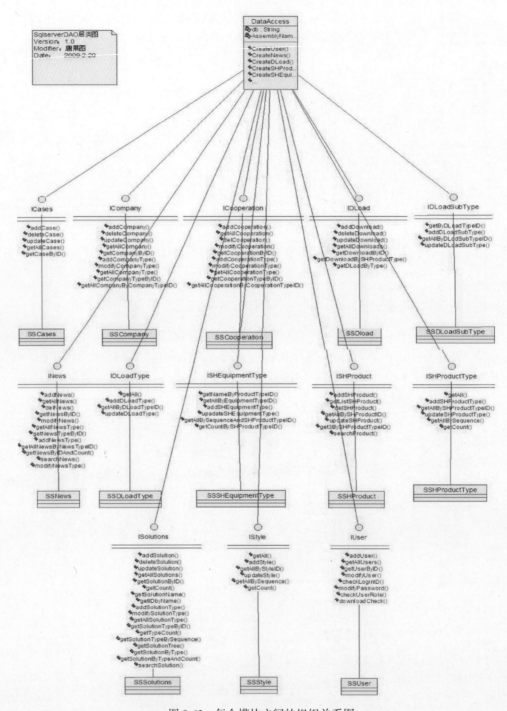

图 8-63　每个模块之间的组织关系图

注：前端模块化开发是指在 Web 上以模块为基本单位划分组织信息，将网页的内容分开，形成若干个相对独立的模块。

对于开发出来的网站，需要进行最后的调试并交付成品。同时也要做网站说明，如图 8-64 所示，为交付做准备。

配置项目	具体配置
测试服务器	1. IP Address - 192.168.1.101 2. OS - Windows XP Professional SP2 3. APP Server - IIS 4. DB Server - SQL Server 2000 5. .NET Framework - .Net 2.0
发布服务器	1. IP Address - 121.14.3.82 2. OS - Linux 3. APP Server - IIS 4. DB Server - SQL Server 2000 5. .NET Framework - .Net 2.0
开发语言	ASP.NET (C#)、Html、Javascript
开发工具	1. Microsoft Visual Studio 2005 2. Microsoft SQL Server 3. Photoshop CS3 4. Dreamweaver CS3
版本控制	1. Microsoft Visual SourceSafe(VSS) 2. Subversion(SVN)
网站地址	http://www.jhsys.cn

图 8-64　网站说明

该公司网站成果展示如图 8-65 所示。

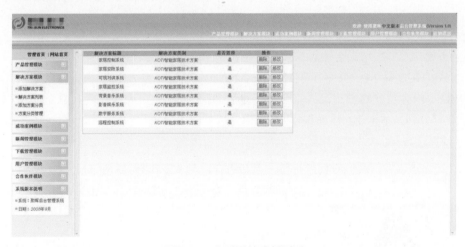

图 8-65　公司网站成果展示

网站开发实用技巧总结（针对公司网站）如下。

（1）考虑工程项目规模、编码文档管理和工程时间问题，推荐前端解决方案：xhtml+css（分模块管理）+prototype（使用 json 数据交换）。

（2）每种动态技术都有与之"最佳搭配"的数据库，考虑目前网站的页面需求和数据需求（网页小容量文本、图像、视频数据＋论坛数据），推荐使用 PHP+MySQL 的黄金组合，当然，如果开发人员资源充足，也可以考虑采用 .NET+SQL Server 来提高开发效率。

8.4　智能汽车 AR-HUD 项目 HMI 设计

随着智能汽车的发展，AR 技术和 HUD 技术逐步用于智能汽车的创新应用。得益于同济大学的汽车研究学术背景及学科间的交流融合，我们的研究范围也得以突破传统的"互联网"行业，探索并延伸"交互设计"的应用范围。

8.4.1　设计需求分析

1. 设计需求

以下从场景／工况、ADAS、AR-HUD 显示三部分进行详细描述。

（1）场景／工况：目前只考虑车辆行驶的正常标准工况，在结构化道路、城市道路的行驶速度范围为 40～80km/h。设计各工况下导航显示的触发条件及结束标志。

（2）ADAS：提供导航、ACC、FCW 及 LDW 与非 AR 显示之间交互策略；制定显示策略及数据刷新频率，辅助达成安全驾驶的目标。

ACC、FCW 目前可识别车辆、行人及非机动车等信息，设计需提供根据识别障碍物距离而进行分级预警的对应提示。

设计需提供导航、ACC、FCW 及 LDW 的对应图标形状、大小、颜色、透明度、动态效果等显示方案。

（3）AR-HUD 显示：AR 显示距离为 7m，HUD 显示距离为 2.5m。

AR 显示内容包含驾驶工况（直行、转弯）、光照状况（白天与夜晚、强光）、车速等信息。HUD 部分则显示车速、续航里程／剩余电量、挡位、导航。

2. 信息梳理

从设计需求出发，我们对信息进行了重新组合，对 AR 和 HUD 两个显示模块进行初步体验分析，发现 AR 与 HUD 显示信息是相辅相成的，如图 8-66 所示，每个显示区域有只适合该区域显示的信息，也有需要两边共同呈现的信息。

由于 AR 上呈现的信息能快速吸引驾驶员的注意力，因此为了维持驾驶员的注意力，AR 上的信息更注重适时出现，而持续出现的常规类信息只出现在 HUD 上。

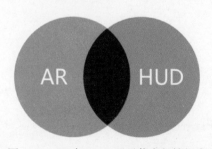

图 8-66　AR 与 HUD 显示信息相辅相成

AR 信息由于会和现实路况叠加，可能出现信息显示不全的情况，因此在 HUD 上需要同时呈现相应的信息内容。

8.4.2　信息架构与交互原型设计

1. 场景梳理

AR-HUD 虽然和传统终端软件有很大不同，但在做交互功能设计之前，同样可以通过对使用场景的梳理来圈定设计范围。考虑到开车场景的复杂性，牵涉的路况、触发条件较多，我们用 Excel 表进行文档梳理。图 8-67 为场景梳理的部分内容，我们以一次有起始点和目的地的导航为主线，记录出发前的车辆准备，到行进过程中的实时导航，再到到达目的地附近寻找停车位、停车、熄火等一系列行为，穷举沿途每一个行为或动作发生时的外界交通环境、边界场景等触发条件是怎样的，驾驶员有哪些需求，数据来源是 ADAS 辅助驾驶信息、导航信息还是车辆本身的信息等。

路况场景		出发前											
触发条件（外界交通环境）及边界场景		启动车辆			自动全车检测			设置导航			开始导航		
	驾驶员需求描述				车子状态是否正常			离这次旅程目的地的距离，到目的地的时间，电量是否充足			怎么走		
交互途径	提示显示信息分类（数据来源）	辅助驾驶信息(ADAS)	车辆本身信息	导航信息	辅助驾驶信息(ADAS)	车辆本身信息	导航信息	辅助驾驶信息(ADAS)	车辆本身信息	导航信息	辅助驾驶信息(ADAS)	车辆本身信息	导航信息
AR	功能		开机动画			扫描全车；显示车辆状态；显示蓝牙连接状态				全局导航地图；路程及时间；预测到达的电量情况			导航箭头持续一段时间后消失
HUD	功能					显示车辆状态；显示蓝牙连接状态			车速；挡位；电量；剩余里程数			车速；挡位；电量；剩余里程数	导航箭头；路名；离路口距离

图 8-67　场景梳理的部分内容

例如，在"出发前—设置导航"这个动作中，驾驶员需要知道离这次旅程目的地的距离、到达目的地的时间、车的电量是否充足等信息。结合用户需求及数据来源，我们发现导航能够提供全局导航地图、路程及驾驶时间，并通过计算能够预测到达时车辆的电量情况等信息；而车辆本身能够提供车速、挡位、电量情况及剩余里程数等信息。有了需求、明确了信息的来源，下一步就要将信息呈现在 AR-HUD 上。我们认为全局导航信息是可以短时间快速吸引驾驶员注意力，给用户以瞬间提示的，可呈现在 AR 上；而车辆本身信息需要贯穿驾驶始终，显示在 HUD 上，加上投影角度较低，既不会遮挡外部客观路况，又无须让用户在驾驶过程中低头去关注当前车速、电量等情况，是能达成辅助安全驾驶的安排的。

2. 信息布局关系

由于 HUD 较小，为了提高驾驶员对信息的辨识速度，我们将 HUD 划分为 3 块，即固定设定警示区、常规区、导航区。信息在固定的区域显示，使驾驶员可以用较少的注意力分辨信息类型，减少驾驶员辨认记忆的负担，维持驾驶员注意力。

HUD 区域信息划分情况如图 8-68 所示，警示区面积最大，将用来呈现 LDW 车道偏移预警及 FCW 前方碰撞预警等信息；余下区域按 1∶1 切分为常规区和导航区，常规区显示车速、当前路段限速及挡位等常规提醒信息，而导航区则显示实时导航箭头、路名、离路口距离、到达提示等相关信息。

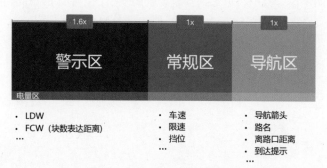

图 8-68　HUD 区域信息划分情况

3．信息架构与交互原型

根据场景梳理的结果，结合需求描述，我们用 mindjet 思维导图对整个 AR-HUD 的信息架构做了梳理。图 8-69 为第一版信息架构，图中将 AR 和 HUD 显示的内容分别罗列，其中橙色框为 AR 独有信息，蓝色框为 HUD 独有信息，黑色框则是两者共有信息。

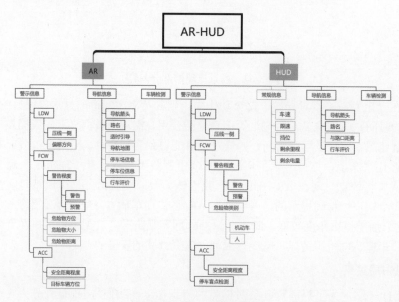

图 8-69　第一版信息架构

信息架构保证设计元素是齐全的，结合场景我们开始进行原型设计。在进行交互原型制作时，我们采取了与传统终端软件设计不同的方式，图 8-70 为第一版原型节选。我们首先以场景进行区分，并横向排列，每一个灰底黑字块为一个场景；纵向则是该场景中每个功能的触发条件，按时间顺序从上向下排。如此排序一是可实现单个功能的纵向切分，方便我们纵向思考；二是原型可折叠、可展开，方便我们使用。

图 8-70　第一版原型节选

我们还是以"出发前—设置导航"原型为例（如图 8-71 所示），在设置目的地后，AR 部分显示全局导航地图、路程、驾驶时间、电量是否充足等信息；HUD 部分显示当前车速、挡位、剩余里程数。当电量不足以到达目的地时，HUD 会出现警示标志。在手机上点击开始导航后，AR 部分出现导航箭头，10 秒后消失；HUD 部分显示当前车速、挡位、剩余里程数及实时导航等信息。

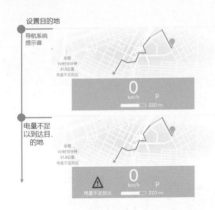
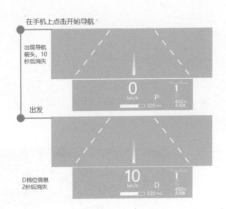

图 8-71　"出发前—设置导航"原型

原型设计前后进行了三个版本的迭代，第二版设计中新增 ACC（扩展 FCW）的功能场景，增添声音维度的信息提醒，同时考虑技术限制，收缩部分场景。第三版设计中则新增拐弯过程中的场景，细化各个功能场景的触发逻辑，明确技术限制，以进一步收缩场景，同时结合真车行驶情况，进一步调整流程顺序。

经过三版原型的迭代、对技术方面的反复论证以及真车行驶测试等工作后，信息架构也进行了更新，如图 8-72 所示，部分功能进行了合理删减。

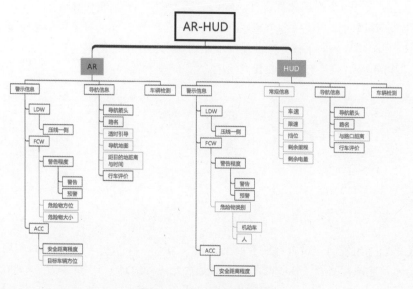

图 8-72　第二版信息架构

8.4.3　界面设计

1. 设计参考

这个项目的素材收集工作其实在项目之初就着手进行了，前面说过 AR-HUD 不是传统理解的交互设计载体，我们需要在收集素材，进行设计参考的过程中学习国外有关智能驾驶、HMI 设计方面的先进理念，理解其中的设计思路，从而转化成我们自己的设计思想。图 8-73 是当时用作设计参考的素材节选。

图 8-73　设计参考的素材节选

2．设计定位

从图 8-73 中不难看出，主流的 AR-HUD 设计多以蓝色、绿色作为主色调，红色、黄色作为辅助色，起警示作用。我们按照 RGB 色系选出如图 8-74 所示的实验测试卡，打印成卡片后，贴在真车上进行实验。

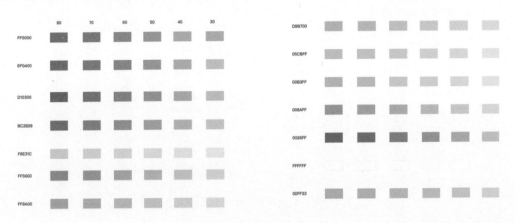

图 8-74　实验测试卡

图 8-75 是色彩实验的实拍图，可以看出，在不同光照条件下不同颜色的呈现效果。最终我们确定用蓝色作为主色调，辅以红色、黄色，作为小面积提醒。

图 8-75　色彩实验的实拍图

通常，蓝色会让人感到平静安宁、深沉有礼，在自然驾驶时，蓝色受环境光的影响最少。色彩心理学上有统计：蓝色是人们最喜爱的颜色，如图 8-76 所示。此外，蓝色还能避免红绿色盲影响，进一步增加了安全性。

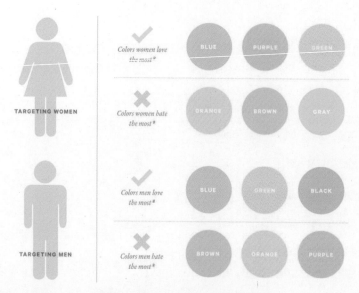

图 8-76   蓝色是人们最喜爱的颜色

颜色不仅可以影响生理反应，还会影响情绪反应。20 世纪 80 年代，科学家们用实验证明了这一观点——被蒙住眼睛的测试人员被要求进入三个彩色的房间，当他们进入红色房间时，压力增加了 12%；当他们进入蓝色房间时，压力减少了 10%；当他们进入黄色房间时，一切保持正常。

视觉符号包括字符符号和图形符号，而字符符号包括数字和文本。驾驶员在驾驶过程中，任意发生在其视野范围内的动态变化都会吸引其注意力，导致分心，所以在视觉效果的设计过程中需要合理地出现动态变化，简洁、清晰、准确地呈现驾驶员需要的交通信息以及外界环境信息。而动态变化的设计也与自然环境紧密相关，强光、阴雨、雾天、晴天对 HUD 设计的影响都需要纳入考虑范畴。

3. 界面设计

某公司前期 AR-HUD 的设计配色如图 8-77 的左图所示，稍做修改后的效果如图 8-77 的右图所示。

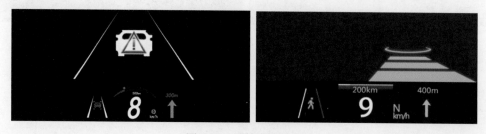

图 8-77   原始设计版本

　　设计组的工作并非在原型全部完成后才开始，而是在素材收集后就着手进行不同风格的设计探索，在元素表现、色彩搭配、信息组合等方面都进行了不同的组合设计，如图 8-78 所示。虽然还没有得到原型迭代产出的支撑，但是也能反过来给原型设计提供布局思路。

图 8-78　设计探索

　　随着原型的迭代及设计人员对项目理解的加深，界面设计逐渐成形。图 8-79 为"出发前一设置导航"原型及界面效果节选。我们把界面设计融入真实环境，还原驾驶员的视野，检验设计的可行性。

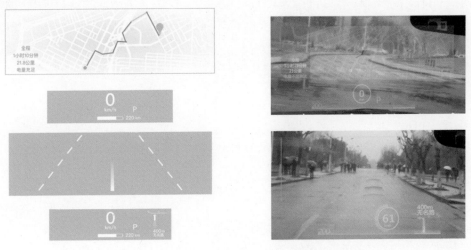

图 8-79　"出发前一设置导航"原型及界面效果节选

参 考 文 献

［1］ 李世国.体验与挑战——产品交互设计［M］.南京：江苏美术出版社，2007.

［2］ 库伯，瑞宁，克洛林.About Face3 交互设计精髓［M］.刘松涛，等译.北京：电子工业出版社，2012.

［3］ Donald A. Norman. 设计心理学［M］.梅琼，译.北京：中信出版社，2003.

［4］ Donald A. Norman. 情感化设计［M］.付秋芳，程进三，译.北京：电子工业出版社，2005.

［5］ 李乐山.人机界面设计［M］.北京：科学出版社，2004.

［6］ 胡飞.聚焦用户：UCD 观念与实务［M］.北京：中国建筑工业出版社，2009.

［7］ 董建明，等.人机交互：以用户为中心的设计和评估［M］.北京：清华大学出版社，2003.

［8］ Steven Heim. 和谐界面——交互设计基础［M］.李学庆，等译.北京：电子工业出版社，2008.

［9］ Jennifer Preece，Yvonne Rogers，Helen Sharp.交互设计——超越人机交互［M］.刘晓晖，张景，等译.北京：电子工业出版社，2003.

［10］ 巴克斯顿.用户体验草图设计：正确地设计，设计得正确［M］.黄峰，夏方昱，黄胜山，译.北京：电子工业出版社，2012.

［11］ 洛克伍德.设计思维：整合创新、用户体验与品牌价值［M］.李翠荣，等译.北京：电子工业出版社，2012.

［12］ Suzanne Ginsburg. iPhone 应用用户体验设计实战与案例［M］.师蓉，樊旺斌，译.北京：机械工业出版社，2011.

［13］ 亚历山大·奥斯特瓦德，伊夫·皮尼厄.商业模式新生代［M］.王帅，毛心宇，严威，译.北京：机械工业出版社，2012.

［14］ 余芳艳.民族志意义上的课堂观察研究［D］.金华：浙江师范大学，2011.

［15］ 周用雷，李宏汀，王笃明.电子游戏用户体验评价方法综述［J］.人类工效学，2014，20(2)：82-85.

［16］ 岑丽芳.老年慢性病病人的看病流程研究与设计［D］.广州：中山大学，2013.

［17］ 梁甜诗.基于微信社交平台的餐饮互动服务研究［D］.广州：中山大学，2014.

［18］ 孙伊洁.面向交互电视平台的多设备协同视频服务系统设计［D］.广州：中山大学，2013.

［19］ 庞瑜.休闲运动的移动社交行为研究与设计［D］.广州：中山大学，2014.

［20］ 牛昊天.基于知识搜索行为研究的问答类网站设计［D］.广州：中山大学，2013.

［21］ 覃明予.基于生态圈分析的马拉松移动服务应用设计［D］.广州：中山大学，2014.

［22］ 罗惠敏.Integrating Activity Theory for Context Analysis on Large Display［D］.广州：中山大学，2010.